U0321546

崔彦怡——著

我的穿衣入门书

译林出版社

目　录 / Contents

第一章

Chapter One

从了解潮流开始了解穿衣

第1节　永不落伍的元素着装法

大大小小的时尚亮点，作为潮流元素，如今已成为女孩衣橱的主角。我们把各式元素穿在身上，以诠释与众不同的个性，让简单的衣装变得生动有趣，让乏味的生活变得风情无限。女孩们如果熟知这些经典的时尚元素，并且恰如其分地展现它，相信无论何时何地，你的装扮都不会落伍！

不得不知元素法则

当你走进商场或大街小巷的服装店时，却被不同种类的时尚元素搞混了头脑。印花会不会很土？蕾丝会不会很普遍？条纹会不会没架子？一系列的“十万个为什么”都冲进了你的脑海，结果还是犹豫不决。其实，对于大多数女孩来讲，时尚元素无论怎样变换，你所谨记的法则只有三点——适合年龄，性格互补，百搭实用。

所谓适合年龄，主要是针对不同的年龄段，来挑选时尚元素。

- 18—28岁之间的女性，以青春靓丽为特点，以强调个性为目的，可以选择田园风格的印花，非主流涂鸦，青春活泼的条纹等。
- 29—39岁的女性，在职场中趋于稳定，在家庭生活中追求高雅，那么，充满艺术情调的立体贴花，优雅不输个性的拼接，都能够轻松塑造雅致感。

- 40岁以上的女性，具有错视效果的几何元素，可以轻松遮盖岁月带来的身材缺陷。

所谓个性互补，指根据不同的性格，用时尚元素彰显优点，掩盖缺陷。

- 性格柔弱的女性，可以选择清新的格纹，棱角分明又不过于浓烈的它们，是你坚强有力的后盾。
- 个性强硬的女性，可以通过高调霸气的豹纹、斑马纹、蛇纹等动物纹路印花，展现你的不羁魅力。同时要注意避免黑白色系，那会让你看上去冷酷又缺乏女人味。
- 对于个性爽朗的女性来说，不对称元素可以彰显你的乐活心态，而细腻的刺绣则是你精致生活的剪影。

所谓百搭实用，主要指突出时尚元素的混搭以及场合运用方面。过去曾说，全身上下的衣装加起来，最好不要超过三个色彩，而如今撞色、拼色、印花的风靡，无疑让这种定律变得牵强。因而，我们把三个色彩替换成“三个元素”，就能轻松混搭出精彩！其中，需要熟知的三大元素分类有：

▷ 硬朗元素——金属、军式、朋克、摇滚等。

▷ 柔美元素——蕾丝、钩针、皮草、羽毛等。

▷ 中性元素——条格、拼接、不规则等。

它们分开搭配，格调统一；碰撞搭配，相得益彰。

捕捉年代魅力

如果仔细对比，细心的你能发现，几乎所有的时尚元素都是年代交替、轮番呈现的，它们并非完全是设计师的直觉所赐。相反，每个年代的特殊文化背景，都是经典元素生长的沃土。

时尚元素与历史潮流有关。例如现今的塑身元素——包括女士内衣、塑身衣以及带有塑形效果的裙装，都是在时代演变中设计师取其精华的产物。在14世纪的欧洲，这种夸张束身的胸衣、裙撑、臀垫等，都是女性普遍追求S形的表现。大家一定还记得《泰坦尼克号》中女主角露丝穿上紧身胸衣，还要被母亲费劲拉扯绑带的片段，虽然这种愚昧的方式不会重现，但它却启迪了后来的设计师，让他们设计出更加自然贴体的塑身衣装，让女性散发自然的S魅力。

时尚元素与时事有关。例如多年前，蕾丝元素就是热点，但当它被人千变万化以致大众化之后，设计师们曾将它短暂“雪藏”。而由于英国皇室威廉王子大婚时，凯特王妃穿了一件令人称赞的蕾丝婚纱，这种元素又重新蓬勃时兴起来，随后便有了现今流行的蕾丝拼接衣裙、蕾丝图案印花，甚至蕾丝装饰的鞋履。当然，这种元素不会一直不间断地流行，但在一定时期内，还是许多设计师绞尽脑汁玩出花样的灵感源泉。

无论大牌奢侈品，还是中档消费品，都一样受时尚元素的左右。在它们千姿百态的风貌下，你能感受到其中流露出的年代魅力。所以我总是提醒那些追赶潮流的女孩们，时尚不是一种挥霍，并不是对奢侈的无止境追求；透过时尚文化学会时髦穿衣，才更能得到快乐、自由、风趣与雅致的穿衣体验！

猜，猜？猜！时尚元素更迭表

流行元素	更迭年期
格纹	5 年
嬉皮	5 年
宫廷	5 年
中性	5 年
镂空	4 年
动物印花	4 年
摇滚	4 年
洛可可	4 年
巴洛克	3 年
蕾丝	2 年
透视	2 年
花草印花	2 年
水果印花	2 年
条纹	2 年
朋克	2 年

第2节 为“快时尚”解乏

在信息飞跃的今天，想要买到最流行的潮品，绝非难事。为大众所熟知的 Zara、H&M、Gap、C&A 等品牌，都是“快时尚”的典型例子。它们以 FF（Fast Fashion）为前身，凭借“快、准、狠”的特点，及时把握潮流动向，将新品发布压缩到最短时间，并频繁更换橱窗陈列。如此吸引人的营销策略，无疑是虏获女孩们芳心的魔杖。然而，避之不及的是，这些“来得快”的时尚同样也“去如风”。如果你买到了尖品，那你可以庆幸，这样的风格还能流行数月。然而，如果你买到了快时尚品牌的折扣品，那么抱歉，你只有抱着时兴几天的幻想，苦苦哀号好几季，流行却转不到它身上。

因而每次逛商场，当我看到一些女孩蜂拥在这些店里抢购打折的商品时，我都有些担忧。因为曾经，我也是她们中的一分子，谁能抵挡这些看上去还时髦的衣服，打了一半折扣的诱惑？但后来我戒掉了这些“快时尚”，不是我修炼了定力，不是荷包鼓了，而是我发现了其中的微妙！

这些快时尚商品风格鲜明，却因过于追赶流行的细节，而忽视了时尚周期之长。像多年前我买到的一件真丝刺绣小衫，当时感觉十分清秀，然而过了当季，似乎它就永远“雪藏”在我的衣橱中，现在拿出来再看，怎么搭配都不是个味儿。

或许你要问，难道我们真要远离这些“快时尚”吗？买不到大牌，廉价穿个样式，不也很划算吗？其实，对于这些“快时尚”，我有三个“解乏妙招”！

解乏妙招一：不挑抢手热山芋

虽然每个人的眼光不同，但当你进入一家快时尚品牌店时，你会发现总有那么几款商品令女孩们流连忘返，甚至争抢买下。这时，好奇心与比较心理往往会冲昏你的头脑，影响你的购买欲望，即使原本感觉一般的商品也会试穿一下，抱着“打折又热卖，我干吗不买”的心理，买到了一堆不适用的衣服。再者，如果这件衣服遭到大多数人哄抢，那么不久你就会撞衫，这样的尴尬想必谁都不愿碰到。因而，不挑抢手热山芋，是你的购买先决。

解乏妙招二：重质量，比款式，轻时髦

对于快时尚品牌来说，保持新鲜度是它们的特长，然而很多的快时尚品牌质量难以信任。这些品牌举着欧美发达国家的大旗，实际却只有 20% 左右的商品在发达国家生产，其余的 60%—

80% 的商品则是在劳动成本较低的亚洲国家制作而成，虽然不能说你一定会买到残次品，但是据统计，每周都有顾客因为开线、撕裂等问题要求退货。如此一来，不仅影响心情，同样辜负了荷包。因而要想买到“动力十足”的快时装，质量是你考虑的关键因素。

其次，注重款式的流行性变化。例如，多年前就流行的蝙蝠衫，拿到现在一样摩登实用。但是如果你过分看重当季的新鲜度，例如 2013 年夏季流行的荧光色防晒衫，这样迅速蹿红的马路服，不用多想也知道很快就会被淘汰。所以我建议：在保证质量的基础上，多留意新颖的款式，这比在快速乏力的时髦细节上放血强百倍！

解乏妙招三：不要把品牌神化

“我今天刚买了 XX 的一条围巾”，“XXX 家的连衣裙就是很大牌”……几乎每次路过这些快时尚店铺，都会碰到学生妹或者刚刚工作的女孩炫耀自己败来的单品。其实，无论是奢侈品还是名不见经传的小众品牌，我们都要以客观的眼光审视它们。保质、实用、百搭，那就是好东西，如果过分强调品牌，而忽略了服装的利用价值，那么孰好孰差都无从谈起。

对胃口：快时尚品牌风格连连看

品牌	风格
H&M（瑞典）	优雅淑媛风
ZARA（西班牙）	简约欧美风
C&A（荷兰）	实用高街风
UNIQLO（日本）	日式休闲风
TOPSHOP（英国）	前卫英伦风
MANGO（西班牙）	时髦都市风
GAP（美国）	自然舒适风
PULL AND BEAR（西班牙）	百搭文艺风
BERSHKA（西班牙）	热辣街头风
UR（法国）	法式唯美风

一 点 通

ZARA，扣动人心的经营模式

著名的西班牙品牌 ZARA，通过对快时尚的巧妙把握，打造了强大的时尚帝国。“新品上市快”“价格亲民”以及“紧跟时尚”的三大特征，促使 ZARA 在全球扩张迅猛，势头令人咋舌。不要只看它一周两次的陈列更换，如此频繁，其幕后的操作模式更是令人惊叹不已：近 400 名主要设计师——被外媒称为“空中的时尚传递者”——乘坐飞机奔波于世界各大时尚发布会，穿梭于各种时尚场所。也许奢侈品牌刚刚发布了 Show，ZARA 的前卫款式便出炉了。从面料印染、剪裁一直到成衣出品和几十亿欧元建立的生产基地，这些 ZARA 的独特经营模式令许多想效仿 ZARA 成名的快时尚品牌，都莫能望其项背。

从款式策划到产品出厂最快一周搞定，一周下单两次，两周橱窗更换，三周商品翻新，这样的流动速度，令追赶潮流的时尚达人叫好。虽然 ZARA 的抄袭大牌之嫌还是为它带来了几千万欧元的罚金，但与其高额收入却无法相提并论，因而对于 ZARA 品牌来说，与其坐等顾客，守株待兔，不如先行一步控制顾客，就算交罚金，也乐此不疲。

第3节 流行色谱，你看晕了没有

流行色谱，在许多不了解它的人面前，就像一个神圣的风向标，不仅令时装设计师趋之若鹜，同样成为时尚达人们赶追潮流的理由。还没有等到你深入地了解，它又幻化出多种模样：去年是孔雀绿，今年是绿松石绿；今年是海军蓝，明年是电光蓝……如此琳琅满目的色谱，一年之内就大换血，对于哪个女孩来说都有些棘手。如果你真的看晕了这些密麻分布的色块，不妨参考本文介绍的方法，对你在识色方面会有很大的帮助！

无论是权威的国际流行色彩协会，还是各大杂志网站对色彩的流行预测，都经常使用一些稀奇古怪的色彩名词，与其死记硬背它们，不如以游乐的心态来轻松地了解它们。在这里，可以将流行色谱划分为三种辨识类别。

自然色与人工色

说到大自然的色彩，你的脑中会浮现出上百甚至上千、上万个灵感。土地、森林、海洋、冰川、太阳、月亮、星星、动物、植物、宝石……这些人类熟知的事物，都有可能成为流行色的灵感源泉。当下女性衣装流行的沙砾色来源于沙土的颜色；经典的海蓝色则为海洋的色彩；宛若落日余晖般的日落红，来源于日落的霞光色彩；许多丝缎服装所提到的月光银，则是以月亮挥洒的闪耀光泽为灵感，令人听上去便感到皎洁明亮……动植物本色所带来的灵感，也占据了流行色谱的多数坐席：质感醇厚的橄榄绿、松柏绿来源于橄榄及松柏的树叶色彩；清新和谐的薄荷绿作为近几年的流行色，来源于薄荷叶，为时尚界带来天真烂漫、青春旺盛的姿彩；以薰衣草为灵感的浪漫薰衣草紫色……松石绿、玛瑙色、红宝石色、宝石蓝色、珍珠白、黄金色等，则是与天然宝石、贵金属相对应而流行开来的色彩。

如果说大自然是流行色谱取之不尽的源泉，那么人类的丰富创造品，则是流行色谱用之不竭的宝库。女孩们常挂在嘴边的糖果绿、糖果红、糖果黄、糖果橙等一系列糖果色，是受缤纷七彩的糖果启发，创造出的一系列饱含光泽感的亮丽色彩；冰淇淋色，作为吸引女孩注目的色系，以香芋紫、奶油白、蜜桃粉以及冰沙色等色彩为主，它令女孩的衣裙散发出甜而不腻的俏皮感。近年来流行的趣味色彩其实远不止这些，像设计师突发奇想，将法式甜点马卡龙的缤纷色彩运用到女装中，也是人工色谱的一大奇妙创造。

主色与延伸色

值得关注的是，分清流行色谱中的主色与延伸色，不仅可以让你轻松识色，同样有助于各色服装的选购与搭配。女孩最钟爱的粉色系，近年来已经幻化出多种延伸色。以桃粉色为主色，珊瑚粉、西瓜粉、鲑鱼粉等色彩作为延伸色，无论是大面积占据衣裙的面料，还是局部的拼色点缀，都一样甜美可人！中性色系在时装界的影响十分深远，尤其是散发着温润土壤气息的褐赭色，令人禁不住联想到辛劳的耕耘者，而由此延伸的棕色、茶色、咖啡色、暗橙色等，可以作为主色调的点缀，渐变出一系列的亲和情怀。同样，彰显硬朗格调的军绿色，也贯串多季秋冬，成为女性霸气气场的烘托。军装绿为主，草绿色、浓绿色、浅绿色、蓝绿色等为辅，融萃成硬朗的秋冬色系，凸显女性的干练与率性！

季节色

衣行四季，斑斓有常。虽然每年的流行色谱都在变，但对于四季基础衣色来说，都是有规律可循的。越过冷酷冰雪，万物复苏的春季，人们的衣装偏重生机盎然的色彩，草绿色、柠檬黄、桃粉色等清新雅致的色彩，令人有耳目一新的感觉。绚烂多姿的夏季，女孩的衣色变化多端，但终究逃不出两个极向——浅淡的水粉色系与高饱和的浓烈色系。近年来流行的水粉色，以水粉颜料稀释而幻化出的清淡风采著称，为炎炎夏日送来丝丝清凉。高饱和色系，例如糖果色、荧光色、霓虹色等，运用在夏日衣裙上，如同闪烁童趣的糖果包装纸，无疑令女孩们比骄阳更加灿烂闪耀。虽然进入秋季，树叶开始枯黄，但辛勤耕耘者却喜悦地捧着累累硕果。万物皆有灵性，人类汗劳有偿。我们不得不承认，秋季是一个感情最细腻、真挚，色彩最具感染力的衣着季节。用黏土色致敬我们最亲爱的播种者，以浓淡各异的橙色庆祝丰收，将自由放逐的原野气息挥洒在衣裙上，是时尚对秋季最美的色彩寄语。即使进入冬季，人们的衣着色彩也不会单一乏味。对于幻想主义来说，冬季确实是一个值得发挥的季节。一系列金属光芒，向未来主义递上最酷的问候；黄金色，亮银色，电光蓝以及反光极强的红、黄、绿、紫等，都成为这个季节的炫酷升华。当然，也少不了深沉色系的内敛演绎，穿插金银丝线等细小闪亮细节的黑色衣装，令冬季不再黑暗冰冷；质感沉稳的灰调与毫无杂质的白色相互映衬，是街头风雪飘摇、室内温暖四溢的视觉避风港。

流行色大调查

最受欢迎的色彩	牛仔蓝色
最不受欢迎的色彩	橘色
最难以搭配的色彩	芥末黄色
男性最讨厌的女装色彩	棕褐色
男性最欣赏的女装色彩	粉色
最显胖的女装色彩	白色
最显瘦的女装色彩	黑色
最具气质的女装色彩	藏蓝色
最萌的色彩	薄荷绿
最成熟的色彩	紫色

第4节　面料：最能表达你，也最容易被忽视

当看到一件令人叹为观止的华丽服装时，我总是最先看一下它的面料说明。对于很多女人来说，有时候看价格比看面料更要提前一步，其实那样是片面的，只有了解主要的面料，我们才能判断是不是值这个价。在我经常浏览的时装中，发现有这样几类面料是最能解读女人风情的，设计师对它们百用不厌，当然也值得你去好好了解它们！

舒适的亲和力面料

著名的设计师伊夫·圣·洛朗（Yves Saint Laurent）曾说："多年来，我懂得了，只有能够穿着的时装，对女人来说才是最重要的。"这句话一直影响着我的择衣标准，对于那些华而不实的衣装，我只从艺术的角度赞美一番，但是无论价格多么实惠，我都不会购买。不能百搭实用的衣装，就是一种浪费。因而，舒适的面料对时装来说，就是一个极具实用性的标志。

莫代尔棉（Modal）是我的心头好，因为它的质地非常柔软，光滑，穿在身上也很透气，尤其是炎炎夏日，有非常凉爽的感觉。虽然不能让它完全替代普通棉，

但是出众的服用性能与适宜的价格，还是令我把它作为最惬意的打底衫面料。

对于大众来说，亚麻一定并不陌生。很多时尚品牌都有亚麻服装线，这其中最大的缘由就是舒适性。这种看似淳朴的面料，穿上之后会让你有一种温柔的力量，这也是我对它爱不释手的重要原因。我的衣橱里有很多亚麻质地的衣裙，它们看上去就像被潮水打磨的鹅卵石，无论时尚潮流如何变化，总能散发出独特的典雅光晕。

飘逸的梦幻面料

法国女人常说:“只有飘起来的裙子才最美。”生活在钢筋混凝土的天地，我们被太多的职业装束缚到刻板，那些看起来应有的青春姿彩,却被一件件硬挺的面料所抹杀。我喜欢飘逸的面料，它让我在高压的工作下能够舒一口气，感受时尚带来的悠然感，让我的影子动起来，感受穿衣的美好。

雪纺，这个女人们耳熟能详的面料，来源于法语 Chiffe。对于大多数夏装来说,雪纺的确是一个足够胜任飘逸与梦幻的宝物。

相比乔其纱，它更加光泽熠熠。我喜欢雪纺质地的风琴褶长裙，无论是酷热的夏季，还是春秋，都可以轻松打造高街风情。

真丝，一直是一种经典面料，不论过去、现在还是未来，轻薄滑爽的它，与各种印花结合，简直是精彩耀眼。当然，扎染的真丝长裙也是我的大爱，我们可以看到许多超模都穿着灰色毛衫与扎染真丝长裙搭配，两种面料的碰撞真的非常唯美动人。尤其是多层的真丝面料叠加起来，有一种空灵的飘袅感，令人为之倾倒。

酷辣的塑形面料

“越是内心温柔的女人，越喜欢用硬挺的服饰武装自己。”这句话一点也不假。这就好比高跟鞋与经济的微妙关系，当经济低迷时，女人喜欢穿着摩天高跟鞋来逃避现实的恐慌。而对于服装面料来说，越是内心脆弱的女人，越喜欢用挺括的面料，让自己看起来更坚强。这是一个很有趣的启示，不要害怕你的女上司，她若喜欢穿坚不可摧的服装，那其实可能最平易近人！

常用于外套风衣的华达呢（gabardine），是我非常钟爱的面料之一。这个由巴宝莉（Burberry）公司于 1879 年开发的神奇面料，用于早春装与秋装再合适不过。密实带有防水性能的它，

不论是用于棱角分明的小西装，还是酷辣的塔士多外套，都一样给人强势干练的 OL 味道。

麦尔登呢（melton）是具有可塑性的大衣面料，对于深秋及入冬穿着的厚实衣装来说，这种面料绝对是上上之选。它不仅可以令你轻松摆脱臃肿，而且能用于多种廓形的衣装设计中，非常优雅率性有格调！

温润的优雅面料

如今，每年世界各地的面料展上都会涌现出各式各样的新面料，它们像旋风一样骤然现身，却又被打上过气的标签急急掠去。我喜欢尝试新事物，但绝大多数我钟爱的面料都是经典款，

我不会将时间过多投入在更新换代上。对于女人来说，一种面料能够延续几十年都保持新鲜，那才是真正的时尚。优雅是永存的。

喜欢粗花呢，它有一种说不出的温润感，也是伦敦女人的最爱。秋季坐在伦敦餐馆的角落里，你就能观察到那些红唇轻触咖啡，粗花呢大衣围裹的女人，是如此优雅。她们并算不上漂亮，但穿着粗花呢，却有一种经久耐看的味道弥漫其身。粗花呢的铅笔裙、夹克衫、修身连衣裙、短裤……无论哪一类，你都值得拥有一件。

提花面料也是不错的春秋季选择。与许多印花面料带来的轻浮感相比，我更喜欢提花面料的低调与含蓄。将几何图案的提花面料运用在长裤上，是凸显个性的优雅选择。对于兽纹的提花面料来说，无论打造连衣裙还是外套，都是恰到好处的不羁之选。

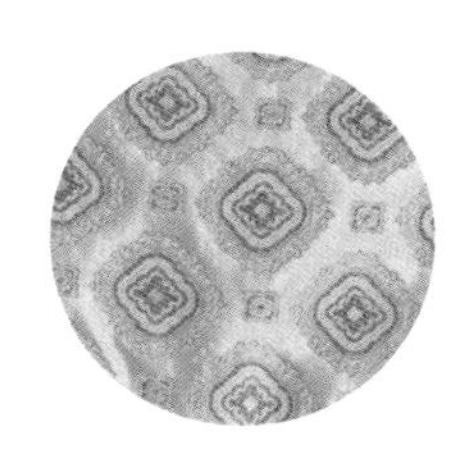

第5节　用基础廓形虏获人心

当多数设计师向经典廓形致敬时，不难理解，当下的时装潮流越来越趋向纯粹化：女性想要展现她们的独到好品味时，最安全的选择，还是那些被设计师们沿用至今的经典廓形。当模特们穿着优雅的 A 字裙，挥洒着率性自如的风情；当一件长及膝盖的修身半裙，被广泛地运用到职业女性的时装风格中……还在埋头于挑选七形八样衣装的你，也应该清醒地意识到，只有基础廓形，才能真正打动你的心。

廓形，来源于英文中的 silhouette 一词，是指轮廓的一种固定的形状。由于它影响着时尚领域的多方面，因而廓形细分来讲也可以描述为服装轮廓与体形特征。这个简单的词汇，在 20 世纪初期的欧美广告中传播开来，沿用至今也一直保持着极高的热度。在当下时装界，廓形对于设计师来讲，具有迅速确定时装造型的必要性。我们不妨回顾 20 世纪以来的经典廓形，从而深入了解一下这些提炼出来的精华。

S 形

在维多利亚时代，除了精确的剪裁、绚丽的色泽以及高档的面料，女装中所追求的 S 形也是当时上流社会阶层的重要标志。

那些酷似沙漏状的女装，通过摧残身体的紧身胸衣这种强迫手段，令女性实现 S 形身材。虽然这种束缚人体的紧身胸衣早已被人们抛弃，但 S 形这种优美的衣装廓形却被设计师们沿用至今，通过紧贴身形的剪裁，令女性展现出妖娆妩媚的曲线魅力。

适合女性：对于胸部、臀部丰满，腰部纤细的女性来说，穿着 S 形衣装，更能勾勒出凹凸有致的玲珑身段。

H 形

当下流行的中性廓形，其源头来自 20 世纪 20 年代的 H 形廓形。由于一战的影响与汽车工业的带动，女性不再穿着紧身胸

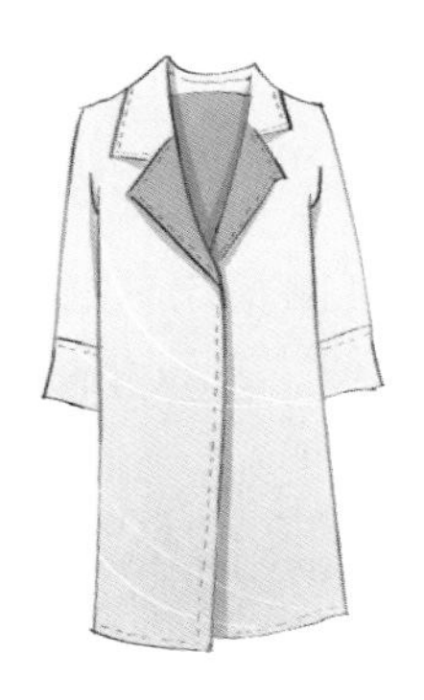

衣，她们一改花瓶形象，决定走上工作岗位，自食其力。因而，便于工作的中性化廓形便大规模崛起了。窄肩、平胸、宽腰等特质一直沿用至今，成为时装 T 台上不可或缺的灵感元素，而这种酷似管状直上直下的廓形，也就被时装界命名为 H 形廓形。如今，窄肩小西装、直筒裙以及一系列的管状外套，都成为 H 形廓形的经典缩影。

适合女性：对于胸部、臀部扁平，骨架稍大的女性来说，穿着 H 形衣装，不仅衬托出简约干练的气质，同时令身形更加修长纤瘦。

X 形

带有浪漫主义色彩的 X 形，其经典的基础廓形定格于 20 世纪 50 年代。二战后女性回归家庭，强调女性优美体形的 X 形应运而生。垫肩与宽松的圆袖将肩部线条拉伸，蓬松打褶的裙摆增强了下半身的体积感，而与其相对应的纤细束腰，则充分展现了女性的身材特征。如今，这种 X 形依旧热度不减，设计师夸大肩臀部与腰部的比例，浪漫不失曲线美，令女性着迷不已。

适合女性：对于肩部略窄、腰部微胖的女性来说，穿着 X 形

衣装，可以通过垫肩、圆袖、飞袖、泡泡袖美化肩部，并通过收腰剪裁以及散开的裙摆，在视觉上达到凸显曲线的目的。

Y 形

被设计大师克里斯汀 · 迪奥最早提出的 Y 形廓形，至今也是时装界的公认基础廓形。我们当下所说的凹造型，其实简单地说就是 Y 形的延伸与发展。这种独特的廓形样式将设计视线从女性的腰部移向肩部，将肩部线条横向延伸，并通过倒三角式的上身与下半身垂直紧束的廓形，呈现鲜明对比，提升衣着重心，展现出女性别具霸气、内敛的气场。你可以选择紧身的泡泡袖连衣裙，也可以选择修身圆肩上衣搭配直筒长裤。

适合女性：对于上身窄小、下身水肿的女性来说，穿着 Y 形衣装，可以增加肩宽，美化上身廓形，拉长下身比例，令你看起来更加高挑纤瘦。

A 形

当 1966 年，美国第一夫人杰奎琳 · 肯尼迪穿着迷你裙优雅登上《纽约日报》时，整个 20 世纪 60 年代的服装廓形都被她的风格感染了。因而，由上至下浪漫散开的 A 形裙，成为当时女人们最热衷的时装。这种经典的廓形至今也撼动着时装界，复古的伞裙、太阳裙以及性感撩人的迷你裙，都成为 A 形裙的经典代表。

适合女性：对于梨形身材女性来说，穿着 A 形衣装，能够轻松遮盖下身肥胖的缺陷，从而协调美化身材比例。

T 形

对于钟爱御姐范儿的女人来说，20 世纪 80 年代风靡的 T 形，才是真正的灵感源泉。在消费水平升高的时代背景下，女性在工作岗位上的杰出贡献，令她们产生自我倾慕的强势心态，因而垫高的宽肩样式或肩部的横向装饰，成为女性西装、外套、夹克以及连衣裙的廓形主导。可以搭配收紧的窄裙、夸张的项链以及尖头鞋，塑造出成功女性强势的一面。它与 Y 形不同，前者保留了女性优美的上身比例，凸显倒三角形的胸腰效果，而 T 形只强调肩部的横向拉伸，而自胸部至腿部则呈垂直线条状，模糊了女性的体态特征，增添了中性阳刚的气息。

适合女性：对于腿部粗壮的女性来说，穿着 T 形衣装，能够拉长腿部线条，令你双腿更加纤细。

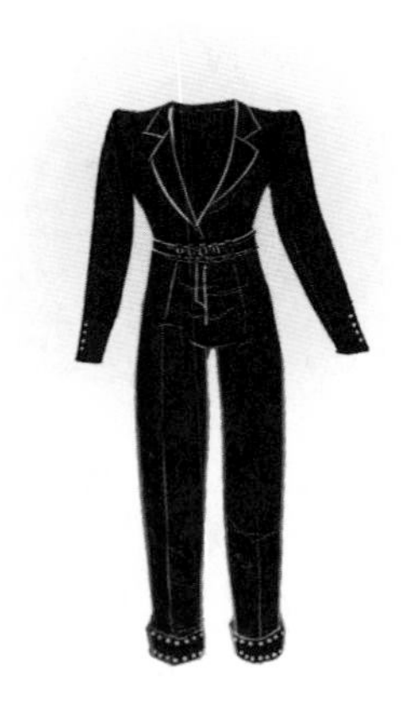

O 形

以夸张膨胀的腰身效果弥补女性身体缺陷的 O 形廓形，在如今被广泛运用。这种上下略尖，中间圆润的廓形特色，令女性呈现出亲和力十足的俏皮个性。我们也经常称之为“卵形”和“茧形”。O 形既可以满足厚重面料的御寒功能，同样也打破了女性细腰丰臀的曲线准则，令身形更加可爱有趣。

适合女性：对于骨架小、身形偏瘦的女性来说，穿着 O 形衣装，可以令身形更加圆润，丰满之余增加俏皮的幽默感。

第6节 会“识图”的女人更美丽

纵观几十年的时尚圈，我发现无论是名媛名流还是明星达人，都在追捧一种时尚，那便是图案模式（Patterns Style）。无论是印花、刺绣、亮片、纹理，都在潜移默化中形成基础的图案模式，并于其上幻化出千姿百态的时髦 Look。

波点图案

波点的全名是波尔卡圆点，是指由填充色彩的圆形排列成的图案，于 20 世纪 50 年代风靡西方。这种经典的图案，无论从大小、色彩还是密集度来看，都有令人异想天开的发挥空间。1944 年伊利莎白·泰勒穿着了波点上衣，成为当时最迷人的时尚焦点；缪斯玛丽莲·梦露生前最经典的性感着装便是波点的比基尼。值得一提的是，波点衬衫也曾是伦敦女警 20 世纪 70 年代的制服，与深色筒裙和饰有徽章的警帽搭配，简直俏皮乖张极了！当然，提到波点，一定忘不了戴安娜王妃，她生前最爱红白相间的波点图案，衬得她更加娇艳迷人。总之，无论时尚潮流如何变迁，波点图案依旧是走在前端的佼佼者，几乎无可替代，它是女人最柔美的魅力宣言。

格纹图案

提到格纹图案，我们立刻会联想到苏格兰裙。这种经典的格纹呢制作的裙子，从 1782 年开始，便成为英国的国家象征之一。记得有一位多年的英国好友曾自豪地向我展示儿时旧照，照片上那条围裹在腰间的蓝绿色苏格兰裙让我清晰地认识到，格纹在衣装界绝对占有着屹立不倒的经典地位。随着风格的演变，格纹的品种也日渐丰富多样：黑、白、红与卡其色相间的格纹是风衣的优雅选择，著名的品牌 Burberry 便是最具说服力的代表；带有朋克色彩的格纹，最典型的就是薇薇安 · 韦斯特伍德（Vivienne Westwood）的叛逆演绎；黑白相间的棋盘格，对于都市 OL 来说是不错的选择；对于学院风情的彩虹格纹来说，它是女孩百褶裙上的常见图案之一，可以搭配白色衬衫，流露出活泼烂漫的青春气息。不同的格纹，暗藏着不同的时尚物语，巧妙运用它们，将为你的百变穿衣风格奠基。

雏菊图案

“我摘下一朵雏菊一路走来，我想到了我的真爱……”在诗人凯 · 里克斯眼中，雏菊似乎能知晓爱人的心思。而在古老的日耳曼部族中，盎格鲁 - 撒克逊人将“雏菊”作为小女孩的名字，意为“天之眼”。这种象征着纯真、纯洁与专一爱情的小花，在时尚界也有极其旺盛的生长力。著名的世界品牌华伦天奴（Valentino）、德赖斯·范诺顿（Dries Van Noten）、安娜·苏（Anna Sui）等都接连运用印花、镂空、刺绣、亮片组合的手法，将雏菊融入女装设计中。衣橱中只要有一件雏菊图案的裙子，你总能找到浪漫约会的理由。

佩斯利图案

在英国，如果女人的衣橱里没有一件佩斯利图案服装，那么就真是 OUT 了。这种形状似扭曲水滴的图案，又被时尚界称为“前卫的逗号”。虽然它的名字以苏格兰中部的佩斯利镇命名，但实际上它却是远渡到英国的“混血儿”，伊朗和印度的文化灵感赋予了佩斯利无限的惊艳风情。作为时尚界公认的图案模式，佩斯利如今已流行了几百年之久。从 20 世纪 60 年代以来，它便一跃而上成为设计师的心头爱，不仅女人的衣裙，就连男人的手帕和真丝领带上都有它的身影。如今，佩斯利图案已成为复古衣裙的最佳装饰，女人们迷恋这种不变的古老情愫，而时尚设计师们却能够巧妙地拿捏固有的形态，在其基础之上幻化出多样的迷人花形。

锯齿图案

如果衣橱中有一件锯齿图案的针织服，那你大可高枕无忧了。这种比条纹更有律动感，比水波纹更加犀利有态度的图案，已经流行了半个世纪之久。从著名的意大利针织品牌米索尼（Missoni）开始，这种极富感染力的图案就成为针织衣装上铺天盖地的时髦标志。如今，不仅米索尼，就连高田贤三（Kenzo）、普罗恩萨·施罗（Proenza Schouler）、荷兰屋（House of Holland）、J.Crew 等品牌，也将锯齿图案纳为针织产品的特色之一。因而，这种流传持久的图案，真的值得你拥有！

第7节 最能扬长避短——体形着装法

想要选对适合自己的衣服，先要认识自己的体形。通常只有购买新衣服的时候，女孩们才认真照镜子，但那往往会令你被服装的某个细节所迷惑（浪漫的领口、优雅的袖形、可爱的下摆……），然而当你真正把衣裙买回家时，很多时候会后悔，因为你没有从最基础的方面选择服装。因而，我倡导，要想穿得好看，首先走到镜子面前，好好审视一下自己的体形，通过体形着装法，找到自己的穿衣亮点！

倒金字塔形，穿出女人味

都说男人最美的体形便是倒金字塔形，然而现实中，许多女性也是这样的体形特征。不要感到尴尬，其实这种体形是最能穿出气场的！它的特征是宽肩、窄臀与细长腿，如果仔细观察会发现，有许多超模正是这种体形。她们褪下夸张的礼服却能穿出自信女人味，正是因为遵循了简单又神奇的着装法。

> 首先，对于结实的肩部来说，最好的方法便是选择一些柔化肩线的设计细节，例如荷叶边、木耳边。避免垫肩或者泡泡袖，

它们会令你看上去更不协调。

- 对于腰部的廓形，选择简单的收腰衣裙就好。
- 因为臀部较为窄平，所谓选择较为膨胀的花苞裙、哈伦裤，可以通过适当增加你的臀围，使身形接近完美的沙漏形。
- 避免穿着包臀裙、铅笔裙，这样会令你看上去太凶，丧失女人味。

推荐衣装：荷叶边衬衫、花苞裙、斜肩上衣、不对称翻领夹克

气球形，穿出性感

对于久坐办公室的女人来说，再美的体形都被缺乏运动扼杀了。因而想要快速解决自己的腰部赘肉问题，不仅要勤于锻炼身体，同样需要掌握气球形身材的着装法。此类身材的特征是肩臀部比例相当，腰围大于臀围。这样的体形，致命弱点在腰部。

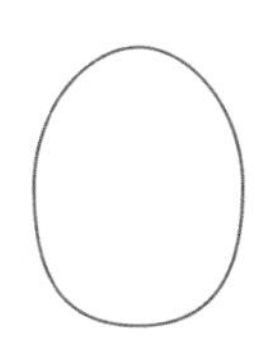

- 避免单色衣装，缤纷的撞色效果会令你更加纤瘦。
- 廓形上避免紧身收腰的衣装。A字形连衣裙、层叠流苏裙以及

荷叶边下摆上衣，是你优化腰部线条的利器。

- 选择一个性感的V字形领口，将腰部视线转移到性感的乳沟，也会令你化臃肿为妖娆！

推荐衣装：A字裙、娃娃衫、荷叶底摆上衣、茧型大衣

钻石形，穿出婀娜风情

很多女性都有钻石形身材的困扰，这种身材虽然有平坦的小腹与纤瘦的上身线条，但愈发宽阔的臀部，却令你感到难以购买到合适的下装。

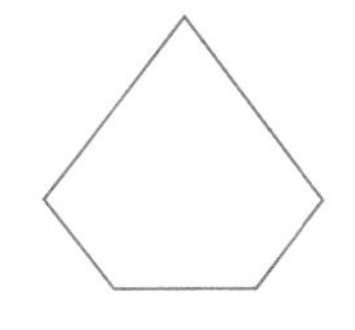

- 千万不要为了炫耀你的小蛮腰而选择短上衣，它会令你的臀部看上去更不协调。
- 选择直身的套头衫、背心以及西装夹克，遮住半个臀部的长度会更恰当。
- 对于下装来说，蛋糕裙、紧身裤都尽量避免。
- 不要选择口袋多的裤子与有褶皱处理的紧身裙；相反，A字半

身裙、简约的直筒裤会轻松遮盖臀部缺陷。

- 搭配领口剪裁个性的衬衣与垫肩小西装，可以平衡宽阔的臀围，令肩臀比例更协调。

推荐衣装：灯笼袖衫、A 字半身裙、直筒裤、垫肩小西装

沙漏形，穿出脱俗优雅范儿

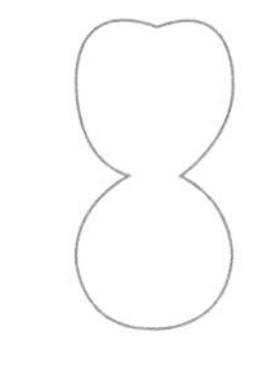

虽然沙漏形是女人都梦寐以求的身材样式，但是对于真正拥有这种身材的多数人来说，反而没能利用好身材的优势，穿出了媚俗味。如它的名字一样，这种体形具有丰满的胸部、纤细的腰身以及圆俏的臀部，宛若沙漏一般曲线撩人。著名影星斯嘉丽·约翰逊便是一个非常典型的例子。虽然沙漏形身材火辣无比，但她懂得用蕾丝、薄纱将性感点到为止，并利用收腰款式穿出优雅味，确实有难得的好衣品。

- 束腰连衣裙、阔腿牛仔裤可以令你优雅又有型。
- 一字领裸肩上衣可以令你小露迷人香肩，又不会过于露骨。

- 如果选择露腰的短上衣（就千万不要选择抹胸款式了），优雅的五分袖或七分袖会令你保持淑媛风范。

推荐衣装：一字领裸肩上衣、束腰蓬蓬裙、阔腿裤、五分袖短外套

铅笔盒形，穿出公主范儿

虽然瘦不成纸片人，却也纤薄到铅笔盒形身材的女性，如果拥有肩宽、腰围与臀围相差无几的特征，还是把方方正正的衣裙压箱底吧！

- 修身的纯色连衣裙、泡泡袖衬衫、呈圆形发散的伞裙与膨胀效果的抓褶裙，会令曲线更加鲜明。
- 告别棱角分明的袖形与直筒衣身剪裁，远离悬垂性的贴身裙装，重新挑选一些强调 S 形曲线廓形的衣装，会令你的身段玲珑有致、凹凸迷人！

推荐衣装：泡泡袖衬衫、伞裙、灯笼裤、圆肩夹克

第8节　敢不敢用新面料

对任何服装设计师来说，如今想要在面料上创新，确实有挑战性。尤其对于新锐设计师来讲，服装的美观与实用性同样重要。因而想要在面料上升华服装的浪漫、优雅、热情等感性因素，不仅需要设计师的娴熟技能，同样要考虑到顾客是否有这个胆量接受它。

回顾近几年来的面料趋势，我们发现有些新兴面料是为大众所青睐的，它们兼具优良的功能性与外观上的创新性，在顾客选用服装时，有很大的吸引力，现在就让我们深入了解一下它们吧！

3D 印花布，科技的时髦预演

在数码印花愈演愈烈的今天，想要以奇特的思维方式征服女性，看来科技还是硬道理。3D 印花布这个名词，与当下的各种特效相呼应，让人们联想到一系列立体生动的面料。与普通数码印花技艺不同，无水无浆喷印的 3D 印花，令面料不仅舒适规整，同时色泽艳丽、形象逼真。趣味的人像、动物头像、植物花卉、建筑物、居室、庭院等，都一跃而上飞向了女孩的衣裙。这些饱含艺术色彩的前卫时尚，不仅个性十足，同样传递了“科技时代人们对面料的标准、要求越来越高”这一重要的信息。因而，不

难猜想，在平面印花退居三线的未来，全息投影效果的 4D 印花布（甚至能发出声响、散发香气、触感真实）和动感十足的多 D 面料，都有可能成为流行的关键。

黏合蕾丝，多味的灵感碰撞

众所周知的蕾丝，虽然已不是新面孔，但与各种底布黏合的它，却成为当下炙手可热的新面料。单一的蕾丝花边，无论怎样变幻都无法满足时尚达人的需求，而与面料双层叠加的蕾丝，又容易在穿着、洗涤的时候撕裂磨损，因而与底部黏合的蕾丝面料，则成为未来几年流行开来的新风尚。与闪耀光泽缎面黏合的蕾丝，闪烁着七彩斑斓的光芒，告别老式丝缎类衣裙的单一质地，增添蕾丝质感的它更加秀美精致。与缤纷的印花布黏合的蕾丝，携来扑面的清新感，在各式印花映衬下，更加朦胧唯美，常见于日系、韩范儿、田园风的衣裙设计中。与彩色底部黏合的蕾丝，作为简约欧美风的流行要素，无论用于衣裙的整体面料，还是与彩色面料拼接，都一样弥漫着浓郁的都市气息。

苏比马棉，高级时装的克拉值

“一件看似普通的棉质 T 恤，为什么注有‘苏比马棉’就要卖到好几百元？”许多出入精品时装店的人都对这个新面料表示一头雾水。其实，苏比马棉作为新鲜的品种，已经是美国人的常用服装面料。苏比马棉花，就生长在美国与秘鲁一带。它在细绒纤维中属于超长纤维棉，以柔软的手感、双倍的韧性以及易着色、色牢度强等特点称著。我们以往穿着的普通棉质衣裤时间久了就容易磨损坏，经常洗涤纤维变脆，不仅会起毛起球，同样易撕裂，在日光下曝晒会令它发黄，色彩逐渐减淡；而苏比马棉的引进运用，则为人们解决了这些难题。许多海外高级时装品牌，例如 Alexander Wang、Ralph Lauren、Brooks Brothers 以及我们熟知的 UNIQLO 等，都将苏比马棉列为品牌的主打面料。可想而知，它在中高档时装中占有堪比克拉值的优势地位。

压纹皮革，异域风采的舞蹈

近年来流行的皮装，越来越倾向轻薄化，其中许多都融入了先进的压纹技术。无论是规则的纹理重复，还是不规则的压纹处理，都让我们体味到一种自然而生的异域风采。它们是新兴革料的异域领舞者，在皮革上跳跃出繁复的姿彩。例如抽象的纹理与土著图案压纹，结合独具赤道一带的鲜明人文色调，夺目的红色与黏土色相结合，带来野性的放逐与迷幻的自然风情。古典欧式的皮革压纹，绽放在中世纪巴洛克风格的华丽腔调中，革面上清晰可见的藤蔓、漩涡以及蜿蜒曲折的抽象图案，都仿佛触摸得到那个时代的艺术辉煌。值得一提的是，在未来风的影响下，流光溢彩的金属色压纹皮革，越来越受到时尚达人的喜爱。这些由金银箔转印烫画的皮革，用于春秋季的轻皮装中，散发出富有前卫感的高街气息。

水煮羊毛，自然技艺的升华

在当下的中高档毛衫中，我们不难看到商家所打出的“水煮羊毛”的名号。其实，这个新鲜奇特的名词，是将中世纪欧洲的一种古老的自然技艺运用到近代南美洲与奥地利蒂罗尔州的传统毛纺织品中。人们通过高温煮沸将毛纤维之间的气泡排除，再通过低温将这种纯净的毛纤维晒干，令它们变得结实紧密、不再缩水。如今，走俏世界的水煮羊毛，成为许多优质毛纺织品的关键词，当然它们数百元甚至上千元的价格也不容小觑。这类羊毛成品多见于混纺毛衫、弹力羊毛裙、羊毛外套等，让追求舒适服用性能与高档品质时装的人们对它更加宠爱。

第二章

Chapter Two

我会买：最便宜不一定最划算

第1节　跟随设计大师买单品

如果要一一介绍各位时装设计师大爱的风格，这本书恐怕就会变成可怕的词典。就算你翻来覆去，只字不落地读完，也是一片混乱。倒不如让我来挑出最具特色的设计师风格典范，为你细心呈上他们最爱的单品风格，以及值得跻身你衣橱的时髦单品吧！

新古典主义

作为备受设计师青睐的单品风格，新古典主义不仅被赋予了怀旧的年代魅力，同样散发着前卫的都市气息。它将现实与古典浪漫完美地融合在一起，令女孩们既能穿出优雅质感，又独具时髦张力。时尚大帝 Karl Lagerfeld 是这一风格的领衔设计师，尤其体现在延续 Chanel 品牌精髓的时装设计中，永不落时的粗花

呢夹克、大衣、半身裙以及连衣裙，以流畅的廓形与合身的剪裁为要点，成为打造经典淑媛造型的基础，而经由解构、拼接、色彩变幻后的衣装，更具摩登的现代格调。

女孩们不妨借此灵感，为你的衣橱添置一件剪裁利落的花呢夹克。可以选择最为百搭的黑白灰色系，或者选择织有金银丝线的深色花呢外套，可为你的造型增添熠熠流动之美，注入稳重而闪耀的晚宴魅力！

巴洛克风格

起源于 16 世纪后期西欧的巴洛克风格，是时装设计师取之不尽的灵感瑰宝。它以夸张艳丽的戏剧性元素为特点，结合细腻精致的装饰手法，营造出无与伦比的奢华氛围。设计师 Domenico Dolce 与 Stefano Gabbana、Donatella Versace（Versace 品牌现任设计师）是这一风格的杰出运用者。前两位设计师共同创造了著名时尚品牌 Dolce & Gabbana，将古典精致的巴洛克与家乡西西里岛的风格结合，通过缤纷的刺绣、大胆的图案印花、朦胧的蕾丝材质，以及金色拼贴装饰，勾勒出丰盈的曲线感与精美绝伦的女人味。设计师 Donatella Versace 则利用巴洛克的繁复

印花与装饰，结合垫肩设计、皮革材质与硬朗廓形，塑造出性感坚强的女斗士形象，阐释出巴洛克华丽背后的冷艳一面。

不可否认的是，这样的风格衣装款款都令人无法拒绝，但我们却没有必要挥金如土。你可以像我一样，衣橱中保留一件巴洛克风格半裙，束腰搭配蕾丝衫（它触手可得），塑造浓郁的女人味；或者来一件铆钉装饰的机车夹克，让你的时尚腔调立马强硬起来。

未来主义

未来主义总是矛盾的。什么是未来？下一秒即是未来。越是激进的风格，越是难以捉摸它的流行趋势，但这就是它的伟大所在。通过捉摸不定的衣装廓形，充满科幻色彩的材质，以及创意十足的风格碰撞，独具探险精神的未来主义风格，总能收获意

义非凡的效果。当然，未来主义不能与古怪画等号，就像设计师 Nicolas Ghesquière（Balenciaga 前任时尚总监，Louis Vuitton 现任设计师）一样，能够将优雅与前卫兼收并蓄的未来主义自然地为当下时尚添彩！

如果感觉未来主义风格太棘手，可能是因为你还不能熟练运用它。建议先从新颖的材质、创意的结构廓形开始，不要贪心于整套的款式。打底衫、马甲、短裤或半裙……小件的内搭单品会来得更得心应手！

中性风格

起源于 20 世纪 60 年代的中性风格，如今已成为时尚界的一股中坚力量。它通过男女皆宜的设计，赋予女性自由率真的气息。这种风格一经问世便受到女性的呼应，虽然梳着利落短发，身着T恤与裤子的女孩在60年代颇具争议，甚至会被一些高档的饭店或酒店拒之门外，但依旧阻挡不了这一流行趋势的壮大。1966年，设计师Yves Saint Laurent推出了名噪一时的“吸烟装”（Le Smoking）——女士黑色无尾燕尾服。继而，解放、自由而独立的女性，成为设计师的灵感缪斯。直至今日，无论是帅气的吸烟装，宽松的牛仔裤，还是各种男友式灵感单品，都是女孩衣橱所不可或缺的亮点。这种风格从未销匿于大街小巷，设计师爱它，因为它总能带来出其不意的成功！

其实对于中性风格装扮，并没有太多的约束。像宽松的T恤、白衬衫、毛衫、套头衫、连帽衫以及松垮牛仔裤，穿再久都不会过时，囤积再多都不会浪费掉。对于中性风外套来说，如果你实在囊中羞涩，顺手牵羊借男友的救急，我打赌会更有范儿！

嬉皮风格

流行于20世纪六七十年代的嬉皮风格，以表达个性自由的时尚元素为特征，带动了众多青年突破传统社会生活的束缚，在外观装束上渴求与众不同。羽毛、条纹、扎染、佩斯利印花、拼贴的牛仔裤、喇叭裤……成为这一经典风格的标志。如今，嬉皮依旧是设计师们偏爱有加的风格，杰出的设计师如 Anna Sui，她所设计的时装是充满乡野情趣与浪漫腔调的嬉皮风格，摇曳的流苏、精致的花卉刺绣、宽松的衣裙廓形，充满流浪民族气息又有恰到好处的细腻之美。另一代表设计师 Peter Dundas，他正在引领品牌 Emilio Pucci 走向高级嬉皮风格，将标志性的几何印花，与琳琅满目的珠饰、羽毛、飘逸流苏结合，无论是随意的夹克、裹身裙，还是性感霸道的开衩礼服，都能收获那些玩转嬉皮风女郎的芳心。

嬉皮并不是一个需要条条框框束缚的风格，但我认为你的衣橱最好有佩斯利印花裙、流苏背心以及微喇牛仔裤这样的经典单品。它能保持你在享受自由的同时，又不会将优雅抛之脑后。

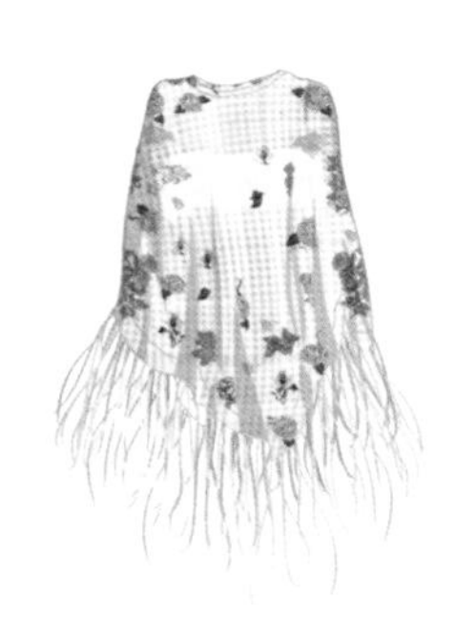

摇滚与朋克

每个设计师都会多多少少地喜爱摇滚与朋克风格，这在近年来的淑女范设计师作品中屡见不鲜，既要让少女们保持大家闺秀的姿态，也要在个性上有所突破，令她们的衣着甜而不腻。将摇滚魅力演绎到出神入化，我最先想到的是设计师 Roberto Cavalli。不得不说，穿上他所设计的时装，你感觉自己连走路都瞬间趾高气扬了。繁复兽纹、狂野印花、奢华皮草以及邪恶又乐活的姿态，令你没有理由不沉醉于它。而对于朋克风来说，如果不提“西太后”“朋克教母”Vivienne Westwood 那是绝对不行的！标志性的拼缀层叠的布块、撕裂与补丁、内衣外穿设计以及反叛味道的格纹，令朋克风格衣装成为众多年轻人宣泄苦闷、愤世嫉俗的表达方式。摇滚与朋克如此相融相通，在追求个性时髦的今天，绝对值得你大胆尝试一把。

不妨为你的衣橱添置一件剪裁流畅的摇滚风外套，抑或是铆钉装饰皮夹克，搭配兽纹印花衬衫与长裤，让你轻松释放野性魅力。

极简主义

干净的线条与明朗的廓形，令极简主义风格如此诱惑力十足。在各种纷繁印花、图案、珠宝装饰的审美疲劳下，我相信极简主义是时装回归真谛的最佳方式。当然，极简并不意味着无趣，欣赏著名设计师 Jil Sander 的每件作品，你都能发觉其实极简主义也可以俏皮、温柔、强势、性感！精巧上衣、卷边长裤、轻质夹克……一系列极简主义风格单品问世，令“少即是多”的设计理念变得如此韵味深长。“我认为总有纯设计的必要性，拥有了纯粹的设计，并不需要太多的装饰。”Jil Sander 擅长运用斜裁突出线条感，结合创意十足的利落剪裁，勾勒出女性自然完美的三围比例，令女性无须粉饰，就已经足够闪耀。

你可以选择弧形剪裁的大衣、A 字连衣裙，这些极富造型感的单品。或者偏重局部的线条雕塑，如衣摆、领口、袖口以及裙边的优雅变化，都能收获极简主义的质感。

运动风格

运动风格从来就不缺乏追随者，它是任何时装设计师都可以信手拈来的风格，但能像设计师 René Lacoste（经典法国老牌鳄鱼 Lacoste 的创始人）那样，将运动风创造出百变摩登风情，并优雅地融入日装中的人，也确是少有。经典的 Polo 衫穿着舒适又惬意，女孩们可以大胆选择一个明亮的色彩与新颖的材质，

或者干脆套上 Polo 衫式的连衣裙，搭配高跟凉鞋，大胆舒展你动感与性感并存的身姿！当然，除了 René Lacoste，我还十分偏爱 Alexander Wang，绝不是偏袒华裔设计师！你在他的设计中，完全找不到一丝随波逐流的痕迹，他的美式运动风独具创新意义，既能展现女孩动感的一面，又非常诙谐俏皮。你穿着它，能感受到奢华的质感，却很轻松随性。这不正是我们追求运动风的初衷吗？

丢掉那些看上去僵硬的运动装吧！尝试为你的衣橱添置一些轻快又舒适的运动风格单品，像男孩子气的棒球夹克，甜美的 Polo 衫连衣裙，让运动风成为你的周末拿手好戏！

第2节　时尚买手：热门单品我能预知

如何以最快的速度获得灵敏的时尚嗅觉？当然不是没日没夜地翻杂志，也不是盲目地逛商场扫货。如果你了解时尚买手，经常出入时尚买手店铺，那么我相信你也能够明白，他们对于热门单品的预知确实有过人之处！

什么是时尚买手

时尚买手（fashion buyer）最早流行于欧洲，最初被称为“时尚采购员”，主要负责采购最新流行的款式，联系厂家生产或直接采购成品。他们大致分为三类：品牌时尚买手、商场时尚买手和零售店时尚买手。前两类时尚买手在挑选到适合的商品后，迅速将其投入品牌店或商场中销售，从中赚取利润。而后者则是买手凭借自己的时尚嗅觉，挑出其中的精品，跟单订货，将精品融合在一起呈现在客户面前，自主盈利。但无论哪一类，无可否认的是，时尚买手都应具备高人一等的时尚嗅觉。他们对时尚趋势了如指掌，能够预测到下一季走红的单品，他们不仅懂得采购、平衡预算与最大盈利，同样能准确定位客户群品位，令自己的时尚见解在客户心中得到共鸣。

能够为品牌商场或零售店注入源源活力的时尚买手，绝非仅仅“爱好时尚”这么简单！像顶尖时尚买手 Jo Hooper、Natalie Kingham、Paul Baptiste 等人所说，这绝对是一个高压的职业，买手要紧跟潮流，品位精准，会挑选，会搭配，能慧眼识珠。否则一不小心，买手就会丢了客户群。很庆幸，这种买手的“自我挑剔”，也令你提升时尚嗅觉的难事，变得不费吹灰之力！

从时尚买手店寻宝

经常出入时尚买手店铺，绝对有助于发现热门单品。尤其是在热门时尚买手店中，你能看到各品牌的抢手货，下一季即将流行的单品，以及各种折扣诱人的限量版单品。它们的价格相比品牌专卖店会实惠些，但依旧是中高档消费者的天堂，而对于远渡而来的日韩、欧美单品，则是眼尖的时尚精们所欲罢不能的个性宝物。时尚买手店通常像女性的个性化衣橱，不仅包括时装，还搭配有包袋、鞋履、配饰、珠宝，甚至配有餐饮、娱乐设施……光顾时尚买手店的顾客，也希望花最少的心思，找到最靓的搭配方案，享受逛街的乐趣。因而，就算你不打算透支荷包，只是溜达溜达消消食儿，那么我也建议你先去时尚买手店转转（店主肯定恨透我了……），它至少能够启迪你的搭配灵感。

像这样的时尚买手店，国外有很多成功的例子。像川久保玲的伦敦名店“丹佛街集市”（Dover Street Market），巴黎潮店柯莱特（Colette），米兰的时髦名店 10 Corso Como，以及洛杉矶的 H.Lorenzo 买手精品店……都涵盖了众多品牌的精品，且极具个性与趣味性，是当地潮人必逛的时尚店铺。当然，在国内，北京、上海、广州这样的城市，买手店也逐渐成为时尚店铺活跃的一分子。而对于热风（Hotwind）、ZARA、H&M 等我们熟知的时尚品牌，也采用时尚买手机制促进企业发展，这绝对让我们更有机会寻找到热门的个性单品！

买手资讯

http://www.buyernet.cn/portal.php
http://www.fashiontrenddigest.com/
http://theshopatbluebird.com/blog/

热门买手店

店名	地址
连卡佛	北京市西城区金融街金城坊街 2 号
Mr.Ms 时尚买手店	北京市朝阳区金汇路 8 号世界城 E126 号
MingHouse 名舍	北京市朝阳区东三环南路 52 号
I.T	北京市建国门外大街 1 号国贸商城地下 1 层 北京市西城区金城坊街 2 号金融街购物中心 F2 层
The SWANK 诗韵	北京市东城区金宝街 88 号金宝汇购物中心 210-211 店
MESS 不死熊猫	北京市东城区东四北大街 484 甲

店名	地址
EMO+	北京市朝阳区大望路 SOHO 现代城 4 号橘红楼 103 铺 北京市朝阳区亮马桥东三环北路 10 号
Shine*	北京市朝阳区东三环中路 39 号建外 SOHO5 号别墅 B1 北京市朝阳区工人体育场东路和工人体育场北路交接口中国红街丙 2-4108 室
C.P.U	北京市朝阳区王府井大街 138 号新东安广场三层 313 号 北京市朝阳区三里屯 villageS4-17 北京市朝阳区广顺北大街 33 号嘉茂购物中心 2 层 02-02 号 北京市宣武区宣武门外大街 8 号庄胜崇光百货商场新馆 2 层 238 号 北京市朝阳区西大望路甲 6 号新光天地 3 层 D3060 号 北京市海淀区海淀大街 5 号中关村广场购物中心 B2 层津乐汇 3-127 号
Alter	上海市马当路 245 号
Le Lutin	上海金鹰国际购物广场 2 楼
PHANTACi	台北忠孝东路四段 223 巷 63 号

第3节　淘宝季，不做折扣受害者

每当换季或者节假日，店铺就迎来了折扣高峰期。女孩们往往被眼花缭乱的减价牌诱惑，陷入了盲目的抢购风波。但当你把战利品带回家后，是否感觉有很多单品并不适合自己，甚至看上去很廉价很糟糕！为了避免再次沦为折扣受害者，我建议在“淘宝季”来临时，一定要谨记以下“淘宝”规则！

精确自己的尺码

打折季服装往往是缺码断码的，不要因为好看就着急买下，首先要看是否合身。尤其在网购时，准确测量你的三围，是“淘宝季”来临前必做的功课！正确的方法是，用软尺经过乳尖点水平环绕一周，测得胸围值;用软尺经过腰部最细处水平环绕一周，测得腰围值；用软尺经过臀后部最突出部位水平环绕一周，测得臀围值。

合理规划预算

通过衡量自己的收支状况，来合理规划你的预算。如果不想让荷包透支，就不要带上那么多的信用卡。为你的银行卡或购物卡里充值固定的数额，相比携带现金的老办法要安全便捷得多。

邀请一位你信任的好友

拥有一位值得信任的好友陪伴，她不仅能够给你适当的建议，同时能帮助你在价格的诱惑面前保持理智，避免购买让你懊悔的打折品。

忠于自己的喜好

我们都知道自己喜欢什么风格的服装，不要勉强尝试不喜欢的款式。尤其对于流行单品来说，如果它与你的穿衣风格背道而驰，与自己的品味格格不入，那么一定要忠于自己的喜好，对导购人员的热情推销委婉说“不”。

重设计更重品质

仅仅通过外观判断法选购，绝对是不合理的。看看服装的面料成分，是否容易起毛起球，是否容易刮丝抽线，裙子内衬是否上乘（避免洗后缩水、卷边）……注意这些细节，你不仅能穿出型，同样能穿出质感。

考虑穿着最大化

通勤办公与舒适周末装束，是你“淘宝季”首先要考虑的单品。当然，不仅要考虑场合，同样要考虑季节因素。尤其是对于春秋季较短的北方来说，女孩们选购这两季服装一定不能贪多，百搭的羊毛衫、针织开衫、夹克只需一款上乘的就好。不要贪心新奇的色彩与另类的款式，能够令你的战利品得到穿着最大化，才是战略王道！

不贪心折上折

一到“淘宝季”，许多商家就打出折上折的旗号，吸引消费者。如“一件 9 折，两件 7 折，三件 5 折”，或“第二件半价”，原本你只需要一件衬衫，结果却贪心折上折，买到自己并不中意或根本穿不着的单品。同样，面对加钱换购、满额减价等方式，你也要时刻保持理智，根据自己的需求购买才是最重要的。

第4节　囊中羞涩？四季只买这几件

美好的单品总能瞬间点亮女孩的心情！但是不要得意太早，如果你向来对搭配漠不关心，那么孤军奋战的单品恐怕就要让你失望了。不仅无法凸显它的美，反而会为你的整体造型减分。那么如何才能迅速让单品变闪亮呢？答案就是——为它找“朋友”做伴！看看我为你总结的热门单品搭配法，从春季一直延伸到秋冬。不让单品孤单，时尚就是这么简单！

春季

亮色长针织开衫（搭配修身 T 恤 + 高腰牛仔裤）

许多女孩都觉得针织衫是秋天的装备，但唯独针织开衫例外。尤其对于长及臀部的亮色（糖果色、荧光色）款式来说，更是春季穿出盎然生机，提升精、气、神的不二法宝！它的经典搭配是修身 T 恤与高腰牛仔裤。这是我认为最轻松舒适的方案，将修身 T 恤束在高腰牛仔裤内，与亮色长款开衫搭配起来，不仅能够凸显外衣的靓丽，同样能营造出完美的比例感与层次感！

条纹长袖上衣（搭配牛仔外套 + 小脚裤）

深得女孩喜爱的条纹长袖上衣，绝对是春季必不可少的单品。想要突出它的惬意清新，不妨搭配牛仔外套与小脚裤。宽松的牛仔外套与休闲条纹上衣相得益彰，小脚裤避免抹杀曲线，为你打造漫不经心的优雅氛围。

修身西服（搭配丝质衬衫 + 九分裤）

造型挺括、剪裁流畅修身的西服，是告别寒冬素裹，展现春日曼妙曲线的干练之选！它的绝配装束是丝质衬衫与九分裤。穿着素色衬衫与羊毛绉纱的锥形九分裤，可为你的办公室造型增添一抹优雅与英气；穿着休闲丝质衬衫与贴身九分皮裤，可为你的休闲造型注入前卫的街头魅力！

印花衬衫（搭配皮夹克 + 半身裙）

迎接一个缤纷绚丽的春天，并不代表你就要从头到脚都是印花单品。挑选一款剪裁流畅的印花衬衫，就能助你营造一个优雅的季节过渡。如果你偏爱兽纹或抽象印花，那么可选择黑色皮夹克搭配裹身半裙，增添一抹酷辣又性感的高街风情；如果你偏爱清新的花卉印花，那么白色夹克与百褶半身裙，则是这类印花衬衫的率性雅致之选！

夏季

白色 T 恤（搭配马甲 + 紧身裤）

看似简单的白色 T 恤，却是夏季出镜率最高的单品。想要穿出个性感且保持优雅，不妨挑选淘气随性的涂鸦款式，并改善它的平面感，再搭配一款帅气的马甲，令造型产生别致的层次效果。下身穿着紧身裤，凸显你的优美曲线。当然，你也可以通过轻盈绚丽的丝巾、珠串项链或多环手镯等配饰，为你的白色 T 恤添彩！

牛仔短裤（搭配坦克背心 + 格子衬衫）

牛仔短裤，可以说是夏季衣橱里最普及的单品之一。中腰且饰有毛边的款式最修身百搭，而作为牛仔短裤的忠实搭档，简约

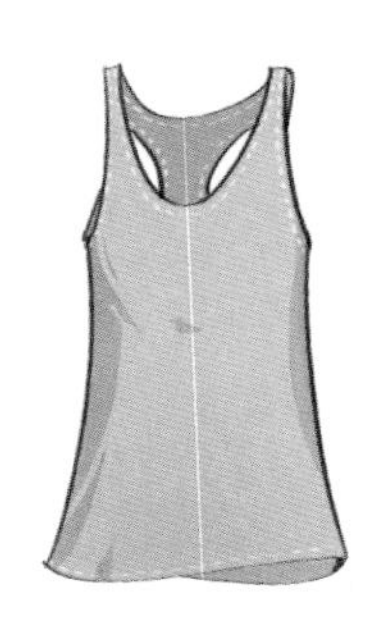

宽松的坦克背心，最能轻松营造出舒适且自然的街头气息。如果是稍冷的初夏或夏末天气，也可以外搭一件宽松长款的格子衬衫，天热了或参加音乐节时系在腰间，也非常时髦有型！

百褶裙（搭配修身短袖上衣 + 腰带）

浪漫优雅又修身显瘦的百褶裙，是淑媛派衣橱的夏季必备单品！无论你青睐丰富多彩的裙摆，还是清新自然的优雅廓形，搭配修身短袖上衣，都是明智而安全的选择。不妨再搭配一款风格相衬的腰带，突出你纤细的腰部，令身材比例更加窈窕曼妙！

半身长裙（搭配白色衬衫 + 太阳帽）

柔美飘袅的半身长裙，是夏季防晒又优雅的选择。但女孩们往往买了它却不知道如何搭配。其实，不论什么风格、款式、色彩的半身长裙，都可以搭配白色衬衫，当然记住一定要收腰穿着！否则会显得很邋遢。如果你想加点配饰，调味周末或度假造型，那就不妨戴上一顶别致的草编太阳帽，增添一抹自然气息吧！

秋季

绞花毛衣（搭配牛仔衬衫 + 复古单肩包）

不论潮流如何更迭，经典优雅的绞花毛衣总不会落时。搭配它的经典选择便是牛仔衬衫与复古单肩包。将牛仔衬衫内搭在毛衣里，露出翻领更时髦！复古单肩包为你增添一丝英伦学院气息，无论穿着半身裙还是长裤，有这两样搭配肯定错不了！

休闲夹克（搭配皮质半身裙 + 及踝靴）

作为秋季衣橱的主旋律，休闲夹克时髦又好穿，尤其是棒球夹克与飞行员夹克两种款式，更值得女孩们入手。我建议搭配皮质半身裙与及踝靴，可打造日夜皆宜的造型风格，既能彰显女孩帅气洒脱的一面，又不会抹杀优美曲线感。

驼色斗篷（搭配细针织衫 + 打底裤）

备受女孩青睐的驼色斗篷，绝对是流行不败的优雅单品典范。但无论款式造型如何变化，你必须确保内搭的针织衫同样精致。我建议女孩们选择与驼色相近的色彩，或中性色的细针织衫，确保袖口收紧，下身穿着深色打底裤，就会完美无误了！

素色风衣（搭配紧身牛仔裤 + 方格围巾）

秋季必不可少的素色风衣，其实搭配起来并不繁琐！像大地色系或中性色风衣，拥有腰带设计的款式最为优雅修身。下身穿着紧身牛仔裤即使遇到糟糕的天气，也能令你时刻保持优雅端庄。想要点亮造型，不妨搭配一款格纹围巾，鲜亮的色彩一扫秋日颓靡，俏皮又高贵！

冬季

派克大衣（搭配针织连衣裙 + 平底短靴）

防风御寒的派克大衣，是兼具实用与时髦的冬日造型必备。标志性的皮毛连帽设计，保证你在风雪天气脸颊也温暖。束紧腰

部的抽绳，可令你轻松告别臃肿突出腰部曲线，建议搭配针织连衣裙与平底短靴，既能收获优美的曲线感，同样为你的造型增添一抹帅气酷辣之味！

超大羊毛外套（搭配高领毛衣＋紧身皮裤）

对于热度有增不减的超大羊毛外套来说，女孩们敢买却不敢穿，原因之一就是这种外套很容易在视觉上缩短身高，令你看上去又壮又矮。这绝对不行！如果你系扣穿着，那么搭一条黑色紧身皮裤可以平衡外套的宽松感，羊毛与皮革的材质碰撞会令你时髦度跃升；如果敞怀穿，可以内搭黑色高领毛衣，会在纵向拉长身材比例，令你看上去高挑又纤瘦！

羽绒外套（搭配装饰腰带＋缀饰雪地靴）

银装素裹的冬天，没有什么衣装比羽绒外套更实用舒适了！黑色长款羽绒外套是我冬季衣橱的必备，但我更喜欢选择修身剪裁或隐形束腰的款式，因为它可以令你告别老土的束带，搭配单独的装饰腰带，在细节上提升造型感！当然与之相应的缀饰雪地靴（亮片、铆钉或水钻、水晶贴缀等）也必不可少，它能够瞬间点亮你的衣装！

第5节　选购雷区：哪些单品能看不能买

时尚是无拘无束的，但并不是杂乱无章的。你有无限量的时尚单品可以尝试，但并不代表每款都会适合你。有些单品它们虽然光鲜亮丽，却并不适合日常穿着，为了避免你买到不实用的单品，不妨看看我罗列的选购雷区，以后在你更新衣橱前，便会心中有数：哪些单品能看不能买。

丝绒套装

虽然丝绒被用做中高档面料，但其耀眼且带有绒毛的表面却不被时尚人士看好。丝绒多用于制作运动套装，虽然一度走红，但却被打上"庸俗、廉价、浮夸"的标签。我也不赞成将丝绒套装纳入你的衣橱，它带来的光泽感总是很怪、很不自然，如果你真的很喜欢富有光泽感的套装，不妨尝试局部的丝质拼接款式，抑或是亮面涤纶面料，相比单纯的丝绒穿着效果会好很多！

垮裤

虽然垮裤属于大热的嘻哈风格单品之一，但自出现以来一直饱受质疑。我认为它更适合男性穿着，对于女性来说，很容易误入俗套，有失优雅。落裆以及低腰的设计会给人邋遢不屑的感觉，对于一个衣着讲究，追求精致优雅的都市淑媛来说，将垮裤随意纳入衣橱，多少有失水准。

短袖毛衣

短袖毛衣是让我最纠结的单品之一，尤其是生活在秋季偏短的北方，我绝对不会将它纳入衣橱。夏末穿着它还是会感到闷热，然而一进入秋季，单穿短袖毛衣就感到丝丝凉意了。如果内搭紧身打底衫，短袖毛衣也没有优雅的发挥空间。因而，与其层层叠叠得啰里啰嗦，不如把心思花在长袖毛衣上。薄厚分明，更具实用性。

毛领针织开衫

虽然拼接毛皮领的针织开衫看上去更奢华，却很少被我们穿到实处。在适合穿着针织开衫的秋季，毛皮领既不方便活动，看上去又累赘；而到了临近冬季的深秋，一件轻薄的针织开衫绝对抵挡不住袭来的冷空气，而毛皮领这时候只能起到局部保暖的作用。因而，在你购买针织衫或毛领外套前，一定要把两者分开挑选，否则，只会既浪费衣橱空间又让荷包哭泣！

无包边大衣

我热爱极简主义风格，但我绝对无法忽视大衣的边缘处理，这决定着一件大衣是上乘还是廉价。即使是别出心裁的创意款式，我也不赞成购买无包边的大衣，它们看上去就像急匆匆拼在一起的布料，与优雅毫不沾边。如果你想让自己的秋冬造型具有质感，那切记这类衣服“只可远观，不可随意穿”！

第6节　复古单品，历久弥新的调调

“复古”一词，其实最早形容一定年代的葡萄酒，而后逐渐运用到时尚界。复古时尚单品，是时间留下的最美好的礼物。它就如同陈年酿造的老酒，闪耀着独特的光晕，令人越品越有滋味。如今，除了二手的古董珍藏，复古更成为一种怀旧潮流的代名词，各种时尚单品被罩上了年代的光环，设计师将复古与现代元素巧妙融合在一起，设计出一系列别具年代特征的单品，成为当下女孩们的贴心珍贵之选。

想要挑选到合适的复古单品，首先应对复古潮流有所了解。以十年为一个时期划分，你不妨记住从 20 世纪 20 年代到 20 世纪 80 年代的复古潮流，以及我所推荐的复古单品，打开极具年代色彩的魅力衣橱，就在下一秒！

20 世纪 20 年代

这一时期由于女性社会角色发生了转变，衣装特点逐渐由夸张的曲线转变为追求自然平坦的廓形。褪去紧身胸衣，犹如男孩子式的简洁、直腰身、窄臀的大衣，管状半身裙，以及腰部下移的低腰连衣裙，成为当时的时髦焦点。女孩们剪短头发，戴上钟形帽，穿着脚踝搭扣的玛丽珍鞋，宣扬自由解放的时尚新理念。

单品推荐：直身大衣、直筒裙、低腰连衣裙

点睛配饰：钟形帽、玛丽珍鞋

20 世纪 30 年代

这一时期女性重新开始关注曲线美，大量的精致晚礼服将女性的身姿衬托得更加苗条有致。晚装礼服上装饰着亮片、珠串，面料上则选用像蕾丝、丝绸这样高贵的材质，大胆的露背设计衬托出女性性感妩媚的一面。与此同时，伟大设计师可可·香奈儿女士推出的“香奈儿套装”也成为 30 年代的时尚标志，经久不衰的小黑裙，黑白相间的外套与筒裙，搭配上长链珍珠项链，把女性衬得更加典雅迷人。

单品推荐：蕾丝亮片连衣裙、小黑裙、花呢套装

点睛配饰：闪耀发卡、珍珠项链

20 世纪 40 年代

可以说 20 世纪 40 年代是一个“自由设计时装”的时期，由于二战的爆发，女性开始对自己的衣橱即兴发挥，收腰的及膝外套、经典的风衣、淡雅的碎花连衣裙与及膝铅笔裙，成为当时女性衣橱里最多的时髦单品。由于政府对羊毛、尼龙等面料以及装饰纽扣、花边等材料的限制，令这一时期的复古单品并不奢华，但印花头巾的点缀，却令整体造型看上去非常清新优雅！

单品推荐：及膝 A 字摆外套、大地色风衣、碎花连衣裙、铅笔裙

点睛配饰：印花头巾

20 世纪 50 年代

20 世纪 50 年代的时尚充满了浓情蜜意，甜美的圆点连衣裙，清爽的衬衫连衣裙，开襟的针织毛衫以及极简优雅的箱型外套，都成为女性衣橱的必备单品。而对于晚间装束来说，穿着考究

的束腰长外套，内搭精致的鸡尾酒礼服，戴上一顶创意十足的贝雷帽，脚下穿着尖头细高跟鞋，时至今日都依旧时髦雅致！如果你觉得这一时期的复古单品太纷繁复杂，不妨回顾奥黛丽·赫本的着装以及 Dior、Chanel、Givenchy、Balenciaga 等时尚老牌的时装风格，探寻 50 年代的搭配灵感，你就能顿时豁然开朗了！

单品推荐：波点连衣裙、衬衫连衣裙、开襟针织毛衫、箱型外套

点睛配饰：尖头细高跟鞋、贝雷帽

20 世纪 60 年代

20 世纪 60 年代初，美国第一夫人杰奎琳·肯尼迪首先引领了这一时期的时装风格。方正有型的夹克，几何印花裙，粉色小洋装，线条感十足的简约短款西服，运用清新的色彩以及圆润的大纽扣装饰，再别上一枚精致的水晶胸针，令她轻松成为 60 年代的雅致 Icon。被誉为“迷你裙之母”的 Mary Quant，是 20 世纪 60 年代备受女性热捧的设计师之一，她改变了女性裙装的传

统尺寸，令超短迷你裙成为强调女人味的时髦标志。这一时期，同样足够绚丽的还有小礼服。作为晚间装束就应该闪耀抢眼的它们，通过亮面材质如 PVC，热力的荧光色系，以及亮片等细节装饰，展现出十足的惊艳魅力！60 年代也有狂野不羁的一面，兴盛于印度和波斯的佩斯利印花风靡 60 年代；扎染的时装也带来出其不意的个性效果；披头士乐队与著名歌手雪儿，令洒脱的喇叭裤更加流行。

单品推荐：水粉色短款西服、迷你裙、几何印花裙、扎染 T 恤

点睛配饰：佩斯利印花头巾、精致胸针

20 世纪 70 年代

20 世纪 60 年代末崭露头角的嬉皮士风格，在 70 年代全面绽放。牛仔喇叭裤继续走红；摇曳流动的流苏时装看上去充满叛逆的流浪气息，其穿插着民族腔调与异域灵感的刺绣、印花图案，令嬉皮风格单品更加迷幻随性。而作为日夜皆宜的时髦单品，色彩绚烂的印花长裙，尤其是 V 领绕颈的款式，最受女性追捧。穿着一双厚底松糕鞋搭配它，令身材更加高挑修长。领部装饰

蝴蝶结的衬衫，则是上班周末穿着皆宜的摩登上装。当然，值得一提的是，当下流行的动物纹其实源于20世纪70年代，当时流行的仿皮草大衣与动物纹的结合，正迎合了时尚人士对保护自然的要求。美国第一夫人杰奎琳·肯尼迪就是豹纹仿皮草外套的最初倡导者。

单品推荐：豹纹仿皮草外套、流苏连衣裙、喇叭牛仔裤、印花长裙

点睛配饰：松糕凉鞋、刺绣包袋

20世纪80年代

以“艳丽、夸张”为中心的20世纪80年代时尚，最不缺乏的便是张扬格调的时尚单品。外套与礼服运用垫肩元素，呈现出女性强势冷艳的一面；双裙摆peplum设计营造出丰盈的腰臀部曲线感；以“露”为美的性感风暴——挖空肩部的露肩连衣裙、透视感的蕾丝或渔网式长手套……成为年轻女孩的个性归属；热带风格的印花炽烈张扬，结合长裙、连身裤等大热款式，烘托出火辣的度假氛围；摇滚朋克风格也在这一时期崛起，酷感十足的

磨白牛仔装、个性涂鸦或字母表语的 T 恤，紧身皮裤，撕裂、破洞、拉链、金属环扣、铆钉等设计细节，都彰显着与传统时尚背道而驰的不羁灵魂！搭配流苏包袋、宽大的耳环与层叠粗链项链，传递出个性反叛的自由精神。

单品推荐：小垫肩西服、露肩连衣裙、牛仔夹克、紧身皮裤

点睛配饰：大耳环、流苏包袋

第7节　懒人的时尚单品法则

由于工作压力而放弃周末逛街，在家专职工作，照看Baby……无论是哪个理由把你变成懒女人，你都没有理由不时尚！想要将懒惰情绪变成有利法宝，学会懒人的时尚单品挑选搭配法则，绝对令你的衣着造型大翻盘！你的穿衣风格从此不会乱糟糟，足不出户也绝不落伍，衣橱不必频繁大换血，拥有基础单品就会很摩登！

“一件式”懒人单品穿不错

层层叠叠的单品混搭，绝对不是懒女人的穿衣风格！想要快速收获摩登造型，就要掌握“一件式”单品法则！

波西米亚长裙　春末、夏季、初秋，波西米亚长裙正是懒人的“一件式”单品典范。无须为外出折腾上数小时，天热单穿它，天气稍冷外披一件牛仔夹克，从多串手镯、草编帽、流苏包包中任选一件配饰，就能令你轻松时髦出街！

连身裤　作为“一件式”单品的率性代表，连身裤绝对是懒人的衣橱必备！不要小瞧它，无论周末休闲、派对、音乐节、度假……它都能派上用场。建议选择上下拼色款，根据搭配的珠宝，可摇滚，可中性，可妩媚，可奢华。天气稍凉时，外披一件剪裁利落的西服外套，就能拿捏各种场合造型！

斗篷　不得不说，斗篷是春秋季优雅又遮肉的懒人法宝！选择长及臀部或过臀的纯色斗篷，不规则下摆能轻松修饰你的下半身曲线。为了平衡宽松的廓形，下身穿着打底裤或修身剪裁的牛仔裤，都能为你赢得高品位！

风衣　就算你里面穿着再普通不过的打底衫，只要外披一件经典廓形的风衣，就能立刻令你魅力四射！对于懒人来说，最安全无误的选择是大地色收腰风衣，下身搭配黑色皮裤、打底裤、修身牛仔裤都可以。即使不穿高跟鞋，一双简约的芭蕾平底鞋也能瞬间提升时尚感！

羊毛长外套　深秋时节，羊毛长外套是你不可或缺的“一件式”单品。选择收腰伞裙下摆款式，可令你收获窈窕曲线；选择宽松直筒款式，率性有味道。选择中性色（黑、白、灰）低调雅致；选择亮色（糖果色、荧光色、水粉色等），时髦张扬，收获好气色！

黑色长羽绒服　冬季告别臃肿，黑色长羽绒服，是你防寒保暖的修身之选！无论是收腰剪裁，隐形束腰绳带，还是添加腰带的款式，都值得你入手。

慵懒 × 细腻 = 不经意的时髦

懒人扮靓的捷径，其实就是在慵懒与细腻中寻找平衡点，营造一种不经意的时髦氛围。衣装廓形的随性或鲜明，细节设计的简约或繁复，都能在互补中实现共鸣。

缀饰 T 恤　作为日夜兼宜的基础单品，看似随意平凡的 T 恤，增添缀饰细节就能立刻令华丽度跃升！亮片、珠串、水晶等装饰，不仅为你的日间装束增添精致感，同样轻松拿捏闪耀的晚间造型！

印花吊带背心　纤细的吊带、炫目的印花、合体的剪裁，告别以往吊带背心邋遢家居的宿命，这样一件内搭时髦、外穿性感的印花吊带背心，绝对值得你纳入衣橱。

风琴褶半身长裙　细腻的风琴褶融入半身长裙设计中，为整体带来一丝飘逸与唯美。无论是亮色还是淡雅的裸色，搭配简约

的白衬衫或 T 恤，都能为你的随性造型增添优雅气息！

图案套头衫　剪裁宽松的套头衫，无论是棉质运动衫还是圆领针织衫，只有讲求细节才能令你告别邋遢，脱颖而出！最简单的方法是选择带有个性图案的款式，可以是印花、提花，抑或是纹理、色彩变化，都能令你告别平凡，流露出轻松的时髦魅力！

廓形感粗织毛衣　令人倍感亲切的粗织毛衣（绝对不是易变形且容易暴露身材缺陷的那款），只有赋予廓形感，你才能穿出时髦味！不妨尝试圆肩、宽袖、收腰或是荷叶边设计，即使清淡的纯色也能穿出高档感！

化懒惰为优雅的穿着小技巧

上衣束腰，露出边角　有没有因为匆忙出门疏忽，上衣没有全束进半裙的时候？化懒惰为优雅，将你的衬衫或 T 恤从束紧的半裙中拽出边角，也会流露出不经意的时髦气息！

毛衣下的衬衫摆　穿着宽大廓形的毛衣，可以内搭稍长的衬衫，从毛衣下摆中拉出衬衫摆，慵懒随性又时髦！

衬衫外套系腰间　参加户外派对或音乐节，衬衫或外套没处放就索性系腰间吧，会为你的造型更加时髦帅气！

裤腿挽到不等长　想要令你的周末造型随性又洒脱？不妨尝试将裤腿挽到不等长，也会收获意想不到的慵懒时髦感！

提升品位的懒人配饰

人字拖　一双简约的人字拖，作为长裙短裤的完美搭档，无论是周末逛街还是度假游玩，穿着它既舒适又随性。

懒人鞋　被称为懒人鞋的乐福鞋（Loafer），绝对是打造各类风格的雅致之选。好穿又便捷的它，无论是哑光绒面，还是闪耀缎布，抑或是饰有印花刺绣、动物纹、小牛毛等的款式，与高跟鞋相比，丝毫不输时髦气场！

长筒靴　深得我们喜爱的长筒靴，不管及膝、过膝，高跟、矮跟，都解决了下身衣着搭配的烦恼。所以，想偷懒又想时髦一把的你，绝对不能没有它！

发带　不必花大把时间用在发型打理上，选择一款与发色相宜的发带，就能让你轻松化身复古淑媛！

宽檐帽　无论是宽檐草编帽，还是宽檐呢帽，想要避免发型凌乱，为度假装或复古衣装增添浓郁风情，就别忘了戴上它们！

吊坠项链　精致简约的吊坠项链，是你最基础的珠宝配饰。不必纠结佩戴哪款最时髦，将不同长度款式的吊坠项链叠搭在一起，效果也非常完美！

太阳镜　作为明星素颜街拍的好搭档，选择一款时髦的太阳镜，既能遮盖倦容，又能提升气场！

第8节 情侣单品，出双入对的霸道

情侣装，作为备受现代情侣热捧的服装形式，一般一套分为男女两种，这两种可以款式相同，色彩相同，也可以在风格上保持一致。虽然大街小巷穿着情侣装的情侣比比皆是，但想要真正穿出时髦气场，那么掌握挑选技巧最关键！本节中，我会分类整理出情侣装选购 Tips，确保你们在购买时零失误。

情侣 T 恤

情侣 T 恤是最受欢迎的情侣装款式，短袖 T 恤可以夏季穿着，长袖 T 恤既可以单穿也可以搭在外套内，非常实用百搭。

- 在挑选情侣 T 恤时，首先应看好面料是否上乘，建议选择纯棉面料或者弹力针织面料、莫代尔面料，保证穿着舒适是关键。
- 在挑选款式时，男士多为圆领、直筒设计，而收腰与 V 领则可以令女士凸显好身材！当然，你也可以稍作变化，女士可以穿着 T 恤裙来搭配男士的 T 恤，也非常轻松有型。
- 在挑选色彩时，黑、白、灰的中性色彩男女皆宜，如果选择鲜艳的亮色，就应在设计上力求简约，不要太过花哨，否则男士穿着起来就丢失阳刚味了；也可以运用局部拼色或撞色设计，为你的T恤增添一抹光鲜。

- 如果选择印花或图案款式，则建议尝试字母印花、条纹、几何图案等，或者尝试个性的手绘图案。

情侣衬衫

以休闲为主的情侣衬衫，只要风格一致或色彩一致，细节上稍作变化就会很完美。

- 简单理想的选择是牛仔衬衫。男女两款的廓形可以同样宽松舒适，女士款也可以变为收腰、圆下摆或者短款系带蝴蝶结下摆设计，增添一丝柔美气息。
- 如果选择黑白色调的情侣衬衫，女士也可以尝试宽松剪裁的Boyfriend款式，令你看上去干练又性感！女士也可以穿着衬衫裙，搭配腰带凸显曼妙身材。
- 如果选择图案印花款式，那么英伦风格纹、海魂风条纹、细小的波点以及民族部落感印花都非常时髦又个性！

情侣运动装

周末晨跑或健身，穿着情侣装更有爱。

- 春秋季上身可以统一穿着连帽开衫、针织运动衫，也可以是棒球夹克，男士下身穿着宽松的针织运动裤，女士穿着修身的弹力针织裤。
- 夏季上身可以统一穿着短袖 Polo 衫，女士也可以选择 Polo 连衣裙作为完美替代单品。
- 天气稍冷时，选择羊绒或者抓绒面料更保暖！

情侣夹克

春秋季节，可以选择经典造型的男女牛仔夹克、棒球夹克、飞行员夹克以及皮质机车夹克作为情侣装，既能展现独特品味又十分实用耐穿；也可以选择它们的变化款，融入拼色、印花、提花等元素。

▷棒球夹克多选择羊毛、羊毛混纺或针织面料。春末、初秋还有些凉意，因此这些时节可以选择富有光泽的缎面或真丝飞行员夹克，内搭T恤，舒适又摩登。

▷皮质机车夹克作为情侣外套再帅酷不过。女士可以选择合身收腰的短款，而无论男女款，都可以适当增添铆钉以及拉链细节设计，为你们的造型增添一抹摇滚味！

情侣外套

春季

▷休闲版型的西装可以穿出情侣装的帅气霸道！选择淡雅的水粉色或俏皮的糖果色西装外套，令你们看上去浪漫有型；选择中性色西装外套，演绎干练雅致的职场Style！

▷如果是参加派对酒会，你们可以选择富有光泽感的丝缎或天鹅绒面料西装外套，女士披在小礼服外，抵御凉意又优雅；男士搭配衬衫与西裤，尽显绅士儒雅风情。

秋季

- 可以选择风衣外套或派克外套，作为情侣装，潇洒又优雅；或者选择一个基础的中性色或驼色，只需搭配牛仔裤就很完美！
- 天气渐冷时，可以选择翻领羊毛外套，简约的及腰短款或者大廓形长款；女士可增添毛领，打造冬日复古情侣造型。

冬季

- 穿着棉服或羽绒外套，只要色调、款式统一，就能轻松变身情侣装！

第9节　单品收藏，会买也要会打理

提高你的时尚本领，并不只有采购时髦单品那么简单！会买也会打理，才能令你的单品资源得到利用最大化，让昂贵的单品具有收藏价值，同时保持你的造型优雅富有质感。看看我为你总结的以下几项基础打理技能，根据单品款式分类，更清楚地了解哪些单品值得收藏以及它们的正确打理方法。触类旁通，你也可以用同种面料方法打理更多款式！

丝质连衣裙

象征着华贵、高端的丝质连衣裙，是你日夜皆宜的珍贵单品，因而绝对不允许用错误的打理方法毁掉它！

- 清洁它首选干洗方式，其次也可以用温和的中性洗涤剂，轻柔手洗。
- 夏季穿着丝质连衣裙难免留下汗渍，女孩们可不要偷懒，否则你的昂贵单品就要变成尿不湿了！混合几滴白醋在清水中，可以消退汗渍。对于白色丝质连衣裙来说，这种方法也可以令它摆脱泛黄的可能，为丝质连衣裙加上一层防护膜，延长它的保鲜期。

▷ 清洁后的丝质连衣裙切忌烘干或晒干，把它铺在平面上或者挂在室内自然风干；存放时可悬挂可叠放，避免尖锐物品钩丝，保持通风，避免发霉。你还可以在衣橱中放置红雪松木块，它具有天然防霉防虫蛀功能，是高档丝质单品的护花使者。

牛仔裤

如果你说因为需要保养牛仔裤从来不洗它，或者穿到脏就丢掉，别傻了，那绝对不值得你炫耀！

▷ 避免使用肥皂，可以用非生物性洗衣粉从反面洗涤。洗涤前用添加盐或醋的冷水浸泡一段时间，避免使用过多，会导致褪色。

▷ 如果牛仔裤只是蒙上了灰尘，建议只用非生物性洗衣粉浸泡一段时间，冷水冲洗悬挂晾干即可。

▷ 选择弹性牛仔面料，会减弱磨损与缩水。

▷ 对于刚入手的牛仔裤来说，可以叠放在衣橱里；但如果是穿久的牛仔裤，清洁晾干后最好平整挂起来，让局部穿皱的面料得到适当恢复，延长牛仔裤的寿命。

针织衫

作为衣橱的基础单品，针织衫几乎三季都能穿着，因而学会清洁和打理它，绝对关乎你的时尚大事！

- 如果你的针织衫是棉质，那么用洗衣粉轻柔洗涤即可；如果你的针织衫是纯羊毛或纯羊绒，那么需要用专门的毛衣洗涤剂洗涤。羊毛混纺也可以采用这种清洁方法，但注意如果化纤和聚酯纤维的比例过大（高于 30%）的话，针织衫容易起毛起球起静电。
- 洗干净的针织衫不能悬挂晾干，可以装在透气的网眼尼龙袋里晾干，否则极易变形。
- 羊毛衫、羊绒衫以及羊毛混纺衫可叠放在衣橱内，而对于易起皱的棉质针织衫来说，应卷成滚筒状以避免留下折痕。

皮夹克

一件质量上乘的天然皮革夹克，能够穿着长达 10 年，这不仅在于皮革的质量，当然也与主人是否对它呵护有加有关系！

- 如果是穿着季节，就将它用木质衣架（避免用铁质衣架以防刮坏皮革）悬挂在干燥的衣柜中。皮革最怕受潮，可以在衣柜里放置几包干燥剂，但不要放置樟脑球。
- 如果想要长期保存皮夹克，将它罩上透气的塑料外套或布袋就可以，千万不能叠放在无孔袋里。
- 如果发现皮革发霉后，需要用蘸入酒精的棉棒轻轻擦拭霉迹，再用干毛巾擦干。
- 皮夹克穿脏了，千万不要水洗，要用专门的皮革清洁剂耐心轻柔擦拭表面；如果雨天你的皮夹克不小心被打湿，先用干毛巾擦拭，再把它拿到室内自然风干，避免阳光直晒或临近烘烤。干燥后涂上皮革保养油，让天然皮革得到滋润并恢复光泽。
- 如果你的皮夹克不是牛皮、羊皮、猪皮等常见皮革，建议拿到专门的皮革服装保养店，进行专业打理。

皮草

天然皮草是昂贵且不容易打理的单品，为了令它保持柔顺蓬松、富有光泽的状态，你应该学会基本的清洁和存放方法。

- 冬季穿着皮草，难免会被雨雪打湿，拿回家用干毛巾沾走表面水珠，千万不要用吹风机吹，让它自然风干就可以。
- 到一个温暖的室内，应将皮草用垫肩衣架悬挂起来，或者披在椅背上，而不是蜷在袋子里。就算搭在腿上也千万不要坐在身下，这样会压折皮草毛，影响外形。
- 冬去春来，你的皮草又要长眠衣橱了。将其悬挂在干燥阴凉的衣柜中，尽量将环境状况控制在10℃与50%湿度下，延长皮草寿命。
- 定期（一般为1—2年）到专业皮草店清洗并进行防虫蛀处理，会令你的皮草更加亮洁如新！
- 对于人造皮草来说，储存、悬挂与干燥方法与天然皮草相同，可以用软毛刷扫除表面灰尘，定时到专业洗衣店里按照人造皮草类别清洗即可。如果你想让它如同天然皮草一样保持弹性与莹润度，就应控制好湿度，避免纤维变干变毛躁。

第10节　巧选单品，呈上最精致的礼物

相信大多数人都对挑选礼物发愁，不论是送给家人、心上人，还是好友，控制好预算，且能看上去精致心诚，还要收到惊喜反应，的确不是一件容易的事！

送给母亲

快到了母亲的生日，或者母亲节即将来临，呈上时髦精致的礼物，一定需要创意＋心意！

- 不要送她易凋零的鲜花，因为女人大都是感性的。
- 选择母亲最喜欢的花朵，寻找印有那款花的丝巾，更富有新意且实用！
- 宽松剪裁的系带丝质睡裙，或者时髦印花的浴袍，是女儿送给母亲的不错礼物选择。
- 除非你的母亲是个奢侈品控，否则不要妄想限量版设计师的品牌手袋或者高级珠宝能讨她欢心，她不仅会心疼你的荷包，还会因为太奢华而舍不得用哦！不如看看时尚设计师推出的时髦家居产品，精美的靠垫、抱枕、沐浴器皿套件等，更加实惠雅致！

送给父亲

为父亲挑选礼物，你首先要考虑它的实用价值。想想换做是你，是否也需要这份礼物。如果你觉得它可有可无，那他也一样。相比看上去光鲜亮丽的包装与外表，送给父亲的礼物更应注重品质与耐久性。

- 你可以送给他富有创意的袖扣，时髦的印花领带，设计师品牌钱夹，雅致的腕表，雕花皮质腰带，这些单品一年四季都可以用到。
- 如果是冬季，可以送他一双保暖的羊皮毛一体手套或沉稳色调的羊绒围巾。
- 如果他经常出差，那么一款手提肩背两用旅行包就非常实用。容量充足，可以携带日常用品和迷你平板电脑。

送给男友

许多女孩在为男友挑选礼物时，往往先想到服装，其实这是最不划算且风险最大的选择。虽然男人大都不计较细枝末节，但如果尺寸不合适或者风格相异，那么你的礼物就要悄悄压箱底了。

- 不妨送给他一款炫酷的电子设备外壳（iPad 或 iPhone 等），或者一款时髦且音效超赞的耳机，他一定会爱不释手！
- 如果他热爱健身，不妨挑选一款运动腕表作为礼物，但千万别送健身器械或健身卡，会令他感到不自信且很难堪。
- 如果是春秋季，你可以送他一顶帅气的棒球帽；夏季则送他一副前卫的太阳镜；冬季的话，保暖的基础针织配饰是简单又暖心的选择。

送给女友

对于男士来说，看似令完美挑剔的女友收到惊喜是件比登天还难的事，但其实只要你了解她的喜好与个性，为爱的人挑选礼物会是一个简单又愉快的过程！

- 你可以从挑选小件的礼物做起，俏皮的钥匙扣、电子设备外壳、动物纹理钱夹、可爱的发箍，这些虽然在设计师品牌单品中价位较低，但绝对让你拿得出手！

- 如果你想送一件令她喜爱的珠宝，不妨尝试鸡尾酒戒指，创意十足的吊坠项链和手链，材质并非都要金银，但一定要个性抢眼。
- 如果你们相识很久，对彼此已经很了解，也可以考虑送她一款性感的睡衣或者星期七件套。
- 如果你实在荷包羞涩，那么着重选择粉嫩的礼物，也会为你加分，毕竟大多数女孩子都有粉色情结！

送给闺密

香薰蜡烛、手工皂、闺密手镯……这些枯燥无味的礼物，就连你都不想收到，更何况你的闺密？作为无话不说的闺中密友，这正是一个考验你的机会——你到底有多了解她！

- 你可以送她一件创意十足的字母印花T恤，时髦百搭；一套质感舒适的瑜伽服；也可以选择一款时尚靓丽的化妆包或一本装帧华美的日记本。
- 如果她是一个时尚达人，你可以选择精装本的时尚书籍（她最爱的时装设计师、超模、时尚博主等的个人作品）作为生日礼物，不仅能够提升个人品位，同样值得珍藏！

▷ 闺密之间的礼物是无须煽情就会令人心动的，它可以很搞怪，可以很实用，也可以很时髦，但终究需要体现你的心意。

第三章

Chapter Three

衣 橱 里 的 基 本 款 和 安 全 色

第1节 经典驼色束腰风衣

风衣虽然历经百年，却一直走在时尚前沿。它是新派潇洒淑媛的最爱，也同样是街头潮人的优雅利器。风衣最初只是专门防雨的士兵服，但一战结束后它便逐渐走入人们的衣橱，成为男女皆宜的生活化衣装。

纵览近年来出镜率最高的风衣款式，非驼色束腰风衣莫属。近似于骆驼毛发色彩的驼色，自 1916 年以来就从未走出过时尚人士的视线。而对于束腰款式来说，更加合身的设计不仅提升防风效果，同样令你毫不费力就能穿出苗条感。因而，驼色束腰风衣对于每个女孩来说，都是永远不会落伍的衣橱必备单品，它不会给人“用力过猛”的浮夸感，却能轻松展现出“一件式”的魅力！

经典结构，沙砾色系添柔情

前胸口袋、前襟双排扣、腰带襻、肩襻、袖襻、防雨前片、防风背片……成为风衣的经典标志。虽然在设计师的演绎下，风衣呈现出花样百变的款式造型，但经典结构却没有被人们丢弃，反而更加受到关注！不妨选择一款驼色经典结构的束腰风衣，与秋日相应的色彩温润蓄美，穿上它无论怎么搭配都优雅有型！面料选择上，棉质斜纹布与华达呢最出色，可以搭配牛仔裤，休闲有味道；披着穿搭配精致连衣裙与高跟鞋，瞬间打造魅力无限的晚间造型！

拼接拼色，酷辣有腔调

如果你期待一个酷辣有腔调的造型，那么拼接或拼色的驼色风衣，同样能够满足你的摩登需求！可以选择在口袋、袖子、领子等局部进行拼色，其中黑色、褐色最为适宜；对于局部拼接来说，

可以选择蕾丝、缎面、皮革甚至皮草，都能为你的造型注入一丝酷辣气息！可以搭配贴身剪裁的牛仔裤，将裤脚挽起搭配精致便鞋，或将裤脚塞进短靴内，都是新潮前卫的穿搭方法！

印花刺绣，打造精致干练味

印花与刺绣的添加，的确令风衣增添不少女人味！尤其是对于驼色束腰风衣来说，既能够为造型注入精致华丽的韵味，同样又不会给人轻浮的感觉。可以挑选一款动物印花的款式，例如豹纹、蛇纹、鳄鱼纹等，也可以选择胸前、领口、袖口等局部刺绣，穿着风衣令你更加娇柔妩媚！配皮裤与长靴，打造冷艳性感的造型，也可以搭配珠光丝袜与高跟鞋，为你的装束注入丝丝柔美！

皮质风衣，炫出摩登与激情

运用皮革材质演绎经典风衣，绝对是时尚界的一大突破！驼色皮质风衣看上去优雅干练，绝对是打造办公室与休闲造型的时髦利器！建议束腰穿着，营造修身廓形，令你更加曲线撩人。如果担心太过低调素雅，不妨搭配一款漆皮包袋，抑或富有光泽感的珠宝腕表，切记款式不要太繁琐复杂，配饰点到为止即能收获惊艳效果！

另类材质，凸显前卫个性

由经另类材质演绎的风衣，对于钟爱混搭造型的女孩来说简直是高街凹造型必备。不妨入手一款半透明材质的驼色束腰风衣，内搭闪耀亮片连衣裙，令整体造型熠熠生辉！可穿着透明材质拼接高跟鞋，与外衣相得益彰，衬托纤长双腿。

TIPS: 调味配饰不可少

想要让驼色束腰风衣的优雅味发挥到极致，就不要忽略配饰的调味作用！宽檐呢帽、皮质长手套、及膝长靴这些别具戏剧风味的配饰，能够令你轻松搭出复古淑媛气质，如果你想寻找相得益彰的配饰，不妨尝试麂皮、小牛毛这类材质的鞋履包袋，也能令你的造型更加完美雅致！

第2节　换季必备牛仔外套

虽然人们常说，换季是乱穿衣的时节，尤其是早春、春末、初秋，对于许多女孩来说是痛苦的。衣橱里并不缺乏季节分明的单品，但看似短暂的换季，既不值得入手过于前沿的服装，会令人担心下季过时，又不应该对乱糟糟的造型置之不理。难道就没有基础的衣橱单品来解决换季难题吗？当然有！牛仔外套就是永不落时的换季法宝！如果你想让自己每一刻都看上去完美，就没有理由拒绝它。下面就介绍一些牛仔外套的选搭要素。

凸显你的身材

不论购买什么类型的服装，首先要考虑是否合身，能否凸显你的身材优势。同样，对于牛仔外套来说，如果你的臀胯较宽，建议选择宽松的及臀款式；如果你身材娇小，可以选择及腰甚至迷你的短款，修身剪裁会令你看上去曲线玲珑！其次，对于局部的廓形来说，增添垫肩的款式，令你看上去挺拔强势；圆肩或落肩的设计，则掩盖宽阔的臂膀，为你的造型增添一丝柔美女人味！

色彩与图案

如果你想寻找修身的牛仔外套，不妨尝试深蓝色或近似黑色的款式，它能轻松消除臃肿的身材，令你看上去窈窕显瘦；如果你偏爱轻松活泼的风格，那就不妨尝试清淡的蓝色，抑或是缤纷亮丽的彩色或纯白色；如果你想穿出大家闺秀的俏丽端庄感，也可以选择花卉印花的牛仔外套，或者局部饰有刺绣图案的款式；如果你想让自己看起来个性非凡，不妨尝试饰有粗犷拉链、链条、铆钉或金属配饰的款式，增添摇滚风情；抑或是由经磨白、水洗处理，添加毛边、撕裂、破洞或补丁设计的款式，也能穿出迷人的街头酷感！

趣味个性的 DIY

如果你想把心爱的牛仔外套变得独一无二，就学习一下 DIY 吧！你可以购买到各式各样的人造宝石、水钻，用 DIY 胶水将它们粘在领角、肩部、胸前或袖口，让它来场华丽的派对变身！你也可以装饰流苏肩章，或者让袖身拼接流苏，穿起来更加飘逸帅酷！我个人比较喜欢个性的贴布、徽章，会令牛仔外套的时髦度大大提升。更值得开心的是，这些 DIY 材料在网店触手可得，追求个性的你还在等什么？

一衣多搭的魅力

经典的牛仔外套永不落时，你没有必要花大把银子收集各种款式，你可以学会一衣多搭，尤其是外出度假旅行，更能有效地减轻行李重量。如果你想收获得体的淑女造型，不妨搭配修身收腰的小黑裙或小白裙，抑或是清新淡雅的印花裙；如果你偏爱极

简休闲的着装，不妨搭配条纹衫与短裤，或者 T 恤与利落的长裤，都能穿出潇洒街头味；如果你想掩盖臃肿的身材，让自己看上去更窈窕修长，不妨用短款牛仔外套搭配单一色调的连身裤，令整体简单又修身！当然，你也可以尝试全身的牛仔装（牛仔马甲、牛仔衬衫、牛仔裤或牛仔短裙……），这也是一个简单又和谐的时髦捷径！

第3节　百变小西装，穿出职场内外的精彩

如何避免自己埋没在清一色的通勤装队伍中，如何在职场外穿出西装外套的优雅与时髦？参考下本文介绍的选购搭配原则，不论你的年龄与身材如何，你都能将西装外套穿出精彩！

职场西装

确定尺码　一件能衬托你所有优势的西装外套，首先应满足基本的合体要求。精确你的三围尺码，寻找与之对应的西装外套尺寸，并留出2—4厘米的松量，保证你呼吸与活动穿着舒适。对于袖长来说，将手臂自然下垂，刚好盖住腕关节的长度，最为优雅得体。

寻找面料　一件材质上乘的西装外套，要能够确保日常穿着不易变形，易打理，且经久耐磨。建议选择弹力羊毛面料，可以根据冷季与暖季，分别挑选中等重量与轻量级穿着。这种面料有一定的弹力，穿起来衬托身形，不会令你看上去臃肿不堪，同样非常结实耐磨。当然，不能光注重门面，忘记了精致的本质，不要忽视内衬的面料，选择羊毛、棉质以及人造丝内衬材质，会令你的西装外套更加精致无瑕。

寻找款式　挑选职场穿着的西装外套，当然应该严肃谨慎一些。但并不意味着你就要顺从死板与老套。如果你对身材并不自信，可以选择直身剪裁的款式，但为了避免看起来僵硬，可以通过弧形翻领或者圆下摆达到柔化效果。如果你想凸显自己的好身材，那么收腰修身的剪裁以及流畅的线条感，能够令你看上去更加凹凸有致。细节款式方面，V 领的西装外套更富有女人味；适当的垫肩效果会令你看上去更挺拔自信。色彩方面，建议选择百搭的中性色（黑、白、灰）以及优雅深邃的海军蓝色，也可以尝试这类色彩添加细条纹的样式，令你看上去细腻充满女人味。

搭配出彩　如果想让你的职业衣装风格看上去连贯考究，那就不能忽视西装外套的搭档！如果是 V 领西服外套，那么为了凸显你的时髦，可以选择缀饰领衬衫或系扎蝴蝶结的衬衫款式。如果你想掩盖略粗的双腿，可以选择阔腿裤。如果你只是大腿略粗，那么就需要避免穿着蓬松下摆的百褶裙或哈伦裤，那样只会增加你的体积感；可以选择直筒半身裙，利用垂直线条来弥补不足。如果你想凸显窈窕身材，不妨穿着利落修身的九分裤或铅笔裙，搭配高跟鞋令身材更加挺拔、曲线毕露。当然，无论你选择何种下装款式，在色调与面料上都要与西装外套保持和谐。

休闲西装

找对廓形 曾有女孩问我怎么选择休闲西装，她说自己曾买过价格不菲的合体款式，却自嘲穿得像个粽子，非但没有遮住赘肉，反而更加暴露了体形缺陷。对于当下流行的休闲西装，我们可以分为三种廓形：宽松大码形、短款紧身形、直身及腰形。不要认为只有胖女孩才与“大码”二字挂钩，即使在模特界，也流行“无大码，不潮流”的修身风格。高挑的女孩穿着大码西装，不仅能够拉长身材，同样能够掩盖小赘肉，令你看上去纤瘦且品位出众；而对于娇小型女孩来说，紧身短款更能美化你的身材比例，令你下半身更修长；对于中等身高的女孩来说，基础的直身及腰款百搭又不落时。

搭配方案一：拼色西装 + 小脚裤

尽显女王风范的拼色西装，绝对是女孩们的时髦之选，无论是作为通勤装，还是休闲装，都能够彰显你个性不失端庄的一面。对于上身肉肉的女孩来说，宽松大码设计必不可少，拼色西装的强烈视觉效果，会为你轻松掩盖小赘肉。彩色与黑色的对比效果最简洁优雅，切忌选择设计繁琐的款式，对于拼色西装来说，线条越是简洁流畅，越能衬托不凡的品味。女孩们只需搭配利落修身的小脚裤，一双简单的高跟鞋，立马就能气质倍增。

搭配方案二：印花西装＋连体裤

既要有时髦态度，又要穿出别致风格，对于女孩来说，模糊视觉的印花大码西装，也是不错的修身法宝！可以选择清新甜美的花卉印花，也可以选择硬朗朋克味十足的动物印花。对于上班一族来说，格纹印花更能增添优雅气息。如果想打造偏英伦学院风格，可以选择苏格兰格纹印花西装，装饰个性璀璨的徽章，令你清新自如。而作为搭配的精彩选择，连体裤在其中发挥了不可忽视的瘦身功效。但不是所有连体裤都可以混搭，上下保持单一色彩，才能拉长身形。直筒修身设计的连体裤最基础百搭，其次是飘逸的阔腿连体裤；夏季穿着超短连体裤，会令你曲线妖娆，火辣、活力十足！

搭配方案三：男友式西装＋牛仔裤

想要寻找帅气洒脱的西装款式，不如尝试融入男友灵感的西装吧！中性的灰调带来一抹率性风采，结合绉纱或羊毛材质，会令西装外套更加优雅百搭。如果感觉缺乏女人味，可以选择微微收腰的款式，但在设计上要保持极简主义，这样才会衬托出你的不凡品位。搭配一条宽松的牛仔裤，挽起裤脚的穿法会令你看上去更时髦！当然，也可以选择微喇的牛仔裤，会在视觉上达到平衡，令身材比例更加完美。

搭配方案四：丝质西装 + 连衣裙

想要在晚宴中脱颖而出？那么连衣裙与丝质西装的搭配最完美！一件丝缎材质、剪裁宽松的大码西装，会令你光彩熠熠，看上去柔美又优雅。可以选择一个百搭高贵的色调，例如香槟金、裸粉色等；也可以选择宝石蓝这样的深邃色调，散发出的低调光芒，神秘又奢华。搭配一件剪裁流畅的修身连衣裙，及膝收腰的百褶款式最基础百搭。春夏选择雪纺、欧根纱材质凸显柔美；秋冬选择粗呢、羊毛材质彰显优雅。不要忘记，披挂的西装穿法才有气场哦！

搭配方案五：皮质西装 + 包臀裙

想要化身街头酷辣的摩登宠儿，皮质西装是你的不二选择。着重于剪裁宽松的设计，结合闪耀着低调光芒的皮革质地，瞬间提升廓形感，令你看上去硬朗、帅气、自如。而作为当下最平衡的穿搭法，搭配女人味十足的包臀裙，则能展现你妩媚性感的一面。选择膝上 10—15 厘米的款式，令双腿纤细修长。刚柔并济下，尽情释放诱人魅力！

第4节 针织开衫，百变好气质

虽然春秋换季时节不长，但针织开衫却是你衣橱里不可或缺的单品。作为最基础百搭的选择，针织开衫不仅能够保暖，同样也是修饰身材，减轻造型沉重感，增添飘逸与轻盈的法宝。对于肤色暗沉的女孩来说，大胆穿着糖果色针织开衫，能令皮肤看起来更加饱满，富有光泽，心情也会随之豁然开朗！

宽松廓形最百搭

作为炙手可热的款式，宽松的针织开衫似乎是女孩们“人手一件”的必备宝物。它看似平凡，却有千百种风格可以演绎。女孩们要想将它穿出惊艳效果，还应在购买时多加把关！长及臀部或过臀的宽松剪裁，几乎适合所有体形，它们穿着起来修身优雅，搭配起来也很轻松。上身内穿工字背心，下身搭配牛仔热裤或修身小脚裤皆可，就能塑造出凹凸有致的迷人身段！开襟衫系扣也好，敞怀也罢，都非常随性自如。

不规则设计有腔调

作为明星潮人的抢镜法宝，不规则设计让针织开衫更具个性腔调！如果你想彰显自己的独特品味，又讨厌层叠的混搭，那么不规则剪裁的造型，便是你的理想之选！尝试黑白灰的素色款式，会令你看上去更加简约有型。搭配修身弹力牛仔裤，上身宽松下身贴体的装扮，不仅能够看上去潇洒有气场，同样不会抹杀你的好身材。可以适当点缀街头感的配饰，既轻松又酷味十足！

糖果色时髦度跃升

糖果色针织开衫是甜美系女孩的最爱，虽然它很亮眼，却常常被打上“花哨不实用”的标签。女孩们要想把糖果色针织开衫变成百搭单品，就不妨在轻薄飘逸的长款或修身短款中做出选择。如果你身材偏高挑，那么选择长款与短裙短裤的搭配，便会令你看上去女人味十足，同样好身材毕露；紧身短款则更适合娇小的女孩，搭配白色套装，展现出你甜美可人的一面。

时髦有趣的图案

日夜兼宜的图案针织衫，看上去惹眼又俏皮！选择蓝绿色系或红黄色系的图案，会更加优雅百搭。当然，如果不想太高调的话，也可以选择局部钩编的图案款式，像领子、袖身、腰部或者衣摆等部位，都能起到时髦点睛的作用！建议搭配同色或相近色调的衣装，或者选择清一色的白或黑的装束，衬托针织开衫的绚烂，会令你更加夺目耀眼！

第5节　百变条纹衫，永不落伍的时尚

千万不能小看条纹衫，这个经典的时尚风格至今都如此炙手可热，绝对有它受捧的理由！我每次到达一个陌生的时尚都市时，似乎总是条纹衫最先映入眼帘，不分地域与年龄，女孩们爱它，不仅仅是因为简单易搭配，同样那种平和、谦逊、乐活的腔调，也将时尚与享受更紧密地联系在一起，让我们体味到那种与世无争的惬意之美。虽然没有印花衫抢眼，但条纹衫却始终保持着独特的亲和力。女孩们不要简单地将条纹衫视为一款，风格各异的它们，会让你感叹：学会选搭条纹衫，就像瞬间寻觅到时尚宝藏！

海魂衫

誓与海天接壤的海魂衫，作为经典永恒的条纹衫代表，绝对是女孩们不可多得的基础款式。海军蓝与白色条纹穿插并列，让人一见便深刻难忘。就算不是在海边，穿着它也依然能够感受到扑面而来的清新！虽然简单的条纹多少会带给人空洞，但如果能够在设计上找到闪光点，那么简约主义也未必不能有浪漫的结局。像是俏皮可爱的海军领，拼接撞色的胸贴带，以及袖口或领口的蕾丝拼接，都能令女孩们摆脱冷冰冰的姿态，彰显出青春动感的时髦魅力！

搭配 TIPS:

对于经典的海魂衫来说，透着清新与活泼的百褶裙，简单的白色短裤，以及挥洒着悠然气息的运动夹克，都是不错的搭配之选。女孩们要想追求简约的度假风格，不妨穿着草编帆布鞋，回归淳朴自然的风格会令你更加沁美怡人。

黑白条纹衫

女孩们总希望通过黑白条纹衫来彰显她们的简约主义个性，殊不知，这种款式却很有可能被穿错，甚至变成可恶的“监狱服”。因而，想要保持一个时髦的品味，不妨注意以下几点，穿着黑白条纹衫便会安全零失误。

1. 避免规则的黑白条纹，告别千篇一律，阐释出自我个性。可以选择宽窄不一的黑白条纹，抑或扭曲变化的黑白条纹，都有化解尴尬，营造前卫的功效。

搭配 TIPS:

黑色的裙子与裤子，绝对是任何黑白条纹衫的通吃搭配。女孩们不必担心它会出差错，只要注重剪裁利落与线条流畅，驾驭起来就无比轻松！可以穿着性感冷艳的尖头高跟鞋，也可以搭配厚底松糕鞋。

2. 选择黑底白条纹，比白底黑条纹更加沉稳优雅。纤细的窄条纹，比宽条纹更加精致有味道。

3. 利用参差不齐的设计，抑或横竖条纹的混合拼接，会巧妙地化解空洞感，甚至能够成为你的修身利器！

五彩条纹衫

五彩斑斓的条纹衫是日夜兼宜的好伴侣，它既可以让你的日装造型焕然一新，又能营造出从容优雅的晚间派对风格，可谓百变富有魔力。女孩们可以选择一个渐变的细条纹衫，营造出彩虹般的梦幻感，也可以选择轻松时髦的两色组合，红黑经典优雅，白绿清新自然，黑紫神秘魅惑，棕黄复古中性……对于稍冷的春秋季来说，撞色的宽条纹针织衫最为时髦百搭，它是纽约女孩的最爱，能够轻松营造出慵懒迷人的俏皮感。

搭配 TIPS:

如果不想让五彩条纹衫成为陪衬，那么选择一条基础款的纯色短裤，或者直筒牛仔裤最为适宜。如果你厌倦了乖乖女的装扮，那么一双别具男孩子气的平底鞋也是告别甜腻的时髦之搭！

印花条纹衫

即使选择印花衫，也不能丢弃浪漫主义风格。诗意无限的印花条纹衫，将彩色条纹与缀满印花的条纹混合设计，足以扩大你的想象空间。无论是小清新的碎花条纹，狂野不羁的动物印花条纹，惊艳张扬的热带印花条纹，还是个性抽象的复古印花条纹，都令女孩的造型百变多样。作为日装，可以选择剪裁考究的印花条纹衬衫，为你的通勤风格增添一抹亮丽的风情；对于度假休闲装束而言，一款宽松活泼的印花条纹套头衫，则值得纳入你的行囊哦！

搭配 TIPS:

充满活力的印花条纹衫，浸润着舒缓浪漫的气息，将女孩们带向自然雅致的时尚地带。作为这类款式的经典搭配，低调蓄雅的纯色铅笔裙，剪裁流畅的锥形裤，都能很好地衬托品位。另外，不要忘记，束腰穿搭也会令你更加前卫有范儿哦!

第6节　轻快白衬衫，万能高街范

身为女孩衣橱里出镜率最高的单品，白衬衫早已摆脱单一沉闷的通勤风，幻化成明星潮人的万能高街装备！造型百变的它，无论是宽松的 Boyfriend 廓形、贴身剪裁、荷叶边装饰、局部撞色还是采用新颖材质等，无不散发着前卫摩登的时尚气息。女孩们若想一步打造高街范儿，白衬衫可是你的万能杀手锏！不妨牢记我的穿搭攻略，造型绝对完美到无从挑剔！

透视白衬衫，上乘简约即是王道

对于炙手可热的透视白衬衫来说，想要穿出高贵感，一定记住挑选材质上乘、风格简约的款式，否则会看上去很廉价。建议选择轻盈柔软的巴里纱面料，穿着起来不仅极富质感，同样呈现出朦胧妩媚的半透明状态，是透视白衬衫的理想材质！宽松中性的廓形，可以随意塑造出百变的休闲风格，搭配素色背心与牛仔裤，将衬衫下摆束在腰内更加干练有型！如果参加酒会派对，则可以束腰穿着印花裙，打造优雅迷人的晚间造型。

经典白衬衫，缀饰衣领更时髦

即便穿着经典白衬衫，也绝不能向平庸妥协。为自己挑选一款拥有缀饰衣领的白衬衫，会令你的造型更加光彩夺目！选择水晶亮片缀饰，可以提升整体华丽度；选择铆钉缀饰，可以为你的衣装注入一丝朋克魅力。搭配翻领小西装，将衬衫领露出才能充分发挥它的魔力；而对于休闲装束来说，即使是不修边幅的牛仔裤，与缀饰衣领的白衬衫搭配，也能碰撞出别有韵味的叛逆情调。

Boyfriend 式白衬衫，宽松过臀才有范儿

帅气洒脱的 Boyfriend 式白衬衫，对于讲求个性的女孩来说，绝对有致命吸引力！它不仅可以穿出率真的中性气息，同样也可以成为性感娇娃的时髦利器！挑选时，注意宽松直身的廓形最百搭，而过臀的长度一方面可以修身，另一方面也可以随时变换造型。如果单穿，可以搭配白色短裤作为打底，选择一款黑色皮带系在腰间，衬托你凹凸有致的曲线感。另外，可以搭配贴身皮裤与铆钉装饰平底鞋，为你的造型增添一丝摇滚魅力。

局部撞色白衬衫，凸显个性新选择

想要穿着白衬衫彰显不俗个性？那不妨入手一件局部撞色款吧！衣领、袖口、胸前袋与衣摆，都能结合撞色设计为你的造型注入个性魅力！可以选择基础的黑色，通过皮革、蕾丝等不同材质，区别于衬衫衣身，形成鲜明的对比效果。也可以选择彩色，例如抢眼的荧光色、糖果色或者清新的水粉色等，都能令普通的白衬衫化腐朽为神奇，成为你衣橱里的大明星！不妨搭配一件色彩绚丽的外套，平衡白衬衫的中性气息，为你增添一抹小女人妩媚！

褶边白衬衫，浪漫又修身

褶边装饰白衬衫是女孩不可或缺的衣橱单品，它们造型百变，或优雅复古，或浪漫甜美，或前卫野性……荷叶边袖的白衬衫可以轻松遮盖“拜拜肉”，美化你的手臂曲线；胸前拼接荷叶边或木耳边，可以勾勒出凹凸有致的 S 线条；肩部及领部装饰的褶边，别具复古气息，对于宽肩大骨架女孩来说，能起到柔化线条的作用。如果你想凸显纤瘦的腰部，可以选择 Peplum 风格的褶边，结合收腰的贴身剪裁，搭配撞色铅笔裙，打造窈窕迷人的修身廓形！

短款系带衬衫，双面女郎要心机

百变风情的短款系带白衬衫，是夏日里不可多得的时髦单品。挑选一款剪裁流畅的款式，将下摆自然系在一起，内搭无袖收腰印花连衣裙，无论是外出游玩还是参加派对，都是蓄雅柔美的风格之选！如果想要收获火辣随性的街头造型，不妨搭配牛仔热裤或修身剪裁的小脚裤，穿上高跟鞋，会令你更加高挑迷人！

第7节 时髦遮肉的连衣裙

无论春夏秋冬，连衣裙总是衣橱里不可或缺的单品。然而，女孩们却往往只注重款式，不小心将顽固的身材缺陷暴露出来。如果你正打算节食或“住在”健身房，我劝你不如掌握几招时髦遮肉的连衣裙法则。将这些法则派上用场，你看上去真会瘦一圈！

宽松的古典廓形

取代束紧裹身的连衣裙，采用宽松剪裁的廓形，不仅能够增添一抹古典韵味，同样可以轻松遮肉。宽松的灯笼袖设计，能够衬托纤细的手臂；层叠蓬松的裙摆，令下半身线条更曼妙迷人；适当选择低腰设计的连衣裙，能够告别短粗的上半身，同时增添休闲优雅魅力。蕾丝、刺绣装饰的雪纺、欧根纱、绉纱，是打造这类连衣裙的最佳面料。选择一个甜而不腻的淡彩色调，尽情享受好身材与古典雅韵吧！

男孩子气的直身剪裁

想要让连衣裙清凉遮肉，也可以另辟蹊径，尝试男孩子气的直身剪裁款式。像衬衫裙、背心裙、T 恤裙或宽松的运动衫式的连衣裙，都是演绎这类风格的最佳选择。让直上直下的线条成为特色，也不失为时髦帅酷又藏肉的心机之选！不过这并不代表就因此丧失了女人味。你可以选择繁复的印花、大胆的亮色，或者朦胧透视感材质拼接，令你的造型增添一丝妩媚与趣味！

错视印花与拼色

当下市面上不乏各种错视效果的连衣裙，设计师多利用纷繁的印花或鲜明的拼色，营造出沙漏般的曼妙身姿，形成一种视觉上的瘦身效果。你不妨也尝试一下这种魔力十足的连衣裙，七巧板式的几何印花，醒目的弧线形拼色，轻松掩盖小赘肉，为你勾勒凹凸有致的好身材！

保持一种色彩

从头到脚保持一种色彩，对于身材并不高挑的女孩十分受用！你可以选择经典的小黑裙 + 黑色高跟鞋，裸色连衣裙 + 裸色高跟鞋，也可以尝试其他的亮色或深色。不必冥思苦想，只要自上而下保持一种色彩，就会在无形间拉长你的身形，令你看上去高挑迷人！

配饰转移注意力

看似不起眼的配饰，却是令连衣裙显瘦的秘密武器！如果你有一件不收腰的连衣裙，它若是中长款淡色连衣裙，可以搭配裸色皮质宽腰带；若是深色或小黑裙，则可以搭配亮色细腰带，炫耀你的小蛮腰，并为连衣裙增添一丝别致都市感！或者还可以为空白的颈部搭配一个缀饰假领，或是夸张的项链，便可成功将注意力转移到上半身，让你的小粗腿不再是“主角”。

第8节　半身裙的四个时髦秘密

裙子的发明赋予了女人时髦的魅力，这看上去更是一种生活的艺术，一种自信的表达。你不能为了展现裙子的美而时刻搔首弄姿，但你却可以通过裙子的风格变化，展现出不一样的摩登气场。所以，不妨让我为你揭秘半身裙的四大时髦秘密，保证你穿着它 Chic 不落俗。

透视半身裙

透视效果的半身裙在这几年夏季格外流行，薄纱、蕾丝、欧根纱、网布……不同面料塑造出的透视效果，也是千姿百态的。

黑色、白色以及裸色是最易搭配的色彩，如果是高档场合，金银色或缀有亮片、珠串的款式，也是不错的选择，当然，色彩甜美也是无可阻挡的趋势。如果你想要展现出修长的双腿，A 字形裙摆不可少；如果是突出腰臀部曲线，那么铅笔裙或包臀裙款式则效果最明显。当然，无论风格如何变幻，搭配上都应去繁就简。可以选择同样具有透视效果的上衣，或者色彩上保持一致或相对，起到强烈的呼应或对比作用。

印花半身裙

印花是每年夏天都逃不掉的流行主旋律，如果你的衣橱没有一件印花短裙，那么奉劝你赶快入手一件吧！ A 字形印花裙越来越受到女孩的青睐，尤其是中长款式，搭配短上衣，弥漫着浓郁的度假气息。包臀或直筒的印花短裙也非常精彩，一件白色或黑色短袖上衣，就能搞定所有造型。如果想要穿出华丽气场，那么可以尝试一身同款印花套装，上衣 + 半身裙，搭配起来夺目又养眼。

褶裥半身裙

一件简单的半身裙，增添褶裥设计就变得精致浪漫。荷叶褶、木耳褶、风琴褶、百褶……这些不同种类的褶裥为半身裙带来无限精彩。装饰在裙摆的荷叶褶结合鱼尾设计，衬托下半身优美曲线；精致的木耳褶作为细节装饰，令半身裙更加甜美富有质感；细密的风琴褶无论运用在短裙还是长裙中，都显得仙气十足；简单的A字形裙增添百褶更加优雅自然。根据自身身材穿着不同的褶裥半身裙，能够轻松衬托好身材！

牛仔半身裙

舒适又耐穿的牛仔布，即使在炎炎夏季也一样走俏。因而，与牛仔短裤一样炙手可热的牛仔半身裙，非常值得入手。拥有它，利用一件T恤甚至一件吊带衫就能搭出潮味。根据个人喜好，可以选择深浅不一的牛仔色，款式挑选上，直筒或包臀的短款最基础，如果你想尝试一下长款牛仔半身裙，那么搭配上就不能掉以轻心，富有新意的宽檐帽、太阳镜、凉鞋、腰带、包包……都是它的点睛搭档！

第9节 巧选雪纺单品，凉爽又修身

穿衣也是一门艺术，尤其是在炎热的夏季，看到那些穿着清凉又时髦的街头潮人，许多朋友就向我抱怨："气死了，怎么我就不能像她们一样，穿得清凉又苗条？"虽然我承认高超的搭配技巧并不是一朝一夕便能掌握的，但我们却能收集一些必备单品，并通过巧妙运用它，在提高造型时髦度的同时确保穿着舒适与凉爽！雪纺单品，就是值得拥有的夏日衣橱明星。

荷叶边雪纺衫

荷叶边雪纺衫，是现代淑媛造型的扮靓法宝。选择V领荷叶边雪纺衫，凸显纤长白皙的颈部与性感的锁骨；荷叶边袖则能美化你的双臂曲线，遮挡"拜拜肉"；衣摆的荷叶边拼接，让你轻松告别隆起的小肚腩，打造纤细腰身。建议选择纯色款式，束腰搭配铅笔裙或短裤，打造日夜皆宜的浪漫装束，为你的造型平添一丝柔美魅力！

透视雪纺衬衫

夏季穿着透视感的雪纺衬衫，已经是一个不争的显瘦事实！如果你讨厌灼热的阳光，并且想要掩盖局部的赘肉，那么这类雪纺单品绝对一箭双雕。可以选择蓬松的中长袖款式，增添一个若隐若现的透视感领口、肩部、袖身或下摆，会看上去更加灵动唯美！你可以将袖口挽起，将局部的衬衫下摆塞进短裤或短裙中，塑造一个轻松时髦的街头造型；也可以搭配一件飘逸的长裙，让你的上衣得到完美呼应，令你看上去别致又曲线撩人！

雪纺吊带背心

夏季如何穿着吊带背心优雅出门，而又不让它把你变轻浮？不妨尝试一款饰有蕾丝边的雪纺吊带背心，选择一个清新雅致的色调。可以从白色款或淡淡的水粉色入手，搭配牛仔短裤，轻松遮住你的腰腹部小赘肉，同时为你的造型增添一抹飘逸韵味。周末休闲外出时，可以搭配平底皮质凉鞋，让你同时享受清凉与好身材！

雪纺罩衫

雪纺罩衫在夏日确实是降暑凹造型的宝物！宽松的剪裁与飘逸的不规则袖，即使是烈日当空，也能令你保持飘逸优雅。它不仅可以作为沙滩装，搭配性感的比基尼；同样可以作为夏季日装，内搭裸色吊带或抹胸，下身穿着短裤或宽松剪裁的阔腿裤，打造清新雅致的休闲造型。

超长雪纺半裙

女神范儿十足的超长雪纺半裙可是明星潮人的衣橱必备。它不仅在视觉上拉长下半身线条，同样起到唯美点睛的作用。选择一个百搭的色调：黑色、白色、裸色或是海蓝色，让你轻松成为街头的时髦焦点。既可以束腰搭配衬衫，凸显洒脱干练的一面；也可以搭配宽松的迷你衫，在舒适休闲中衬托黄金比例！值得注意的是，它不仅可以在夏季穿着，在春秋季节，你也可以混搭一件皮质夹克，让硬朗与柔美得到神奇的平衡效果！

第10节　好穿又时髦的短袖T恤

短袖T恤这种夏季必备的单品，无论趋势如何演变，它好穿与舒适的性能，绝对是任何上衣都无所匹敌的！在反季节折扣抢购到它，你也不会为自己的荷包打抱不平，但这需要一定的选购技巧；并且如果你想将它搭配到出神入化，还需要提前做足功课。

轻薄白T恤，极简百搭之选

纯棉、雪纺、真丝……轻薄透气的面料在炎炎夏日总是最吃香的，它们是打造极简白T恤的最佳选择。无须多余的装饰，修身收腰的廓形与柔软舒适的面料，就足以胜任夏日里的各种造型！你可以通过领形的变化凸显身材优势：V领让你秀出纤长白皙的颈部；一字领炫耀你性感的锁骨；U形领相比保守的圆领，端庄不失女人味。你也可以尝试变化的结构：选择飘逸的荷叶边袖，让你的双臂看起来更纤细；选择一个不规则的下摆，美化腰臀部曲线；胸前贴口袋，增添中性魅力！

条纹 T 恤，休闲高品位

时尚有太多的不确定性，还好我们有条纹撑腰。直来直去的纵横线，既节省挑选时间，又能轻松百搭。黑、白与海军蓝、白色这两对相间的条纹，是你首先考虑的样式。它们最经典，既是搭配高手的衣橱必备，也是零基础穿衣的入门之选。对于微胖的女孩来说，越宽的条纹越修身。如果你想调节一下阴郁心情，不妨选择五彩斑斓的彩虹色条纹，也能瞬间点亮心情。

迷你短 T 恤，穿出自信好身材

玲珑的迷你短 T 恤，让不少喜爱它的女孩抱怨：又该做仰卧起坐了！没有纤细的小蛮腰，怎么能有信心穿着短 T 恤？其实我感觉迷你短 T 恤不仅可以搭配低腰裤或裙子，露出你的腰部，也可以搭配高腰的牛仔短裤或长裙，增添一丝古典味道！搭配背带裤，会让迷你短 T 恤更具清爽魅力，不会因为衣摆太长而变邋遢。你也可以用半透明面料的吊带搭配它，层叠出优雅与质感。

亮色T恤，醒目周末装束

醒目抢眼的亮色T恤，并不需要太多的装饰，色彩就是时髦的根本。荧光色、糖果色、水粉色等为你的造型注入活力与激情，廓形简约能够衬托出优美线条感。你可以选择宽松的五分袖款式，增添一丝运动气息；也可以通过修身的剪裁，凸显你灵动窈窕的身姿！

字母T恤，一起玩文字游戏

充满都市气息的字母T恤，简单又别具时髦腔调！一起玩文字游戏，用字母诉说你的心情和个性，绝对新鲜抢眼。基础的圆领或V领素色字母T恤就很舒适百搭，夏季搭配牛仔短裤或印花短裙，春末或初秋内搭在休闲夹克或小西装内，得体又不失个性。

第11节 印花长裤，修身视觉系单品

在荷包紧缩的时候，你并不想让衣橱大换血，只想增添几件四季常备的单品，达到修身的目的，并为日装增添一丝别致。那就不妨尝试印花长裤，无论是鲜艳还是素雅的印花色调，它总能丰富你的造型，是轻松而别具时髦创造力的选择！

花卉印花长裤

作为一年四季最鼓舞人心的时尚元素，花卉印花运用到长裤中也非常抢眼浪漫！无论你选择密集的碎花印花，还是松散而浓烈的热带印花，想要令自己散发出与众不同的时髦感，还需要从剪裁与面料下手：利落的九分裤款式最招人喜爱，其次是适合度假与休闲的阔腿裤，这两种廓形的花卉印花长裤，都能够为你赢得好品味。你可以通过真丝或缎面材质，为你的长裤增添一丝轻盈高贵感！

搭配 TIPS:

如果你的下半身着装是绚烂夺目的，那么上半身着装就尽量保持简单！可以从花卉印花长裤中提取一个主色调，作为你上衣的色彩，轻松又和谐，也可以搭配中性色调的衬衫、T 恤甚至是背心！但千万不要穿得太复杂，那样容易令你的整体着装乱糟糟！

异域印花长裤

即使没有度假的机会，我也非常喜爱穿着异域印花长裤，它是乏味周末的时髦调味剂。你可以像我一样，时刻储备一件佩斯利印花长裤，这种有趣的涡纹图案醒目别致。除此之外，别具土著风情的几何印花长裤，结合极具视觉冲击力的色彩，不仅能够遮盖身材缺陷，起到修身的作用，同样也有愉悦神经的神奇功效！选择异域印花长裤，你可以用两种廓形来粉饰自己的身材，一种是阔腿裤，另一种是运动裤。运动裤？没错！具有松紧腰身的纯棉运动裤，绝对是提升这类印花格调的妙招，用简单的白 T 恤搭配它，舒适与时髦一网打尽！

搭配 TIPS:

极简白衬衫是异域印花长裤的百搭单品，无论你身材如何，你都可以束腰穿着它，展现出你潇洒又精致的一面！当然如果没有几件风情配饰点缀，异域印花长裤也会势单力薄。流苏包包、编织腰带、彩色珠串饰品……这些不在于昂贵与否，能起到相得益彰的作用就非常完美！

动物纹印花长裤

充满野性魅力的动物印花长裤，不仅可以打造性感神秘的女人味，同样也适用于爱玩、爱冒险的时髦一族。经典的豹纹印花长裤自然不容错过！但如果你不想走寻常路，可以选择五彩斑斓的豹纹，也可以通过拼色、混合印花（条纹、花卉、其他动物纹……考验你的时尚创造力）等，令你的造型与众不同！如果你也像我一样，是个地道的“肉食者”，那么黑白相间的斑马纹印花，刺激的蟒纹或蛇鳞印花等，也是不错的选择！你可以选择雪纺、真丝、绉纱等面料，弱化动物纹的强势，起到柔化气质的作用。如果是正式一点的场合，那么就可以选择考究的九分锥形裤，呈现出干练优雅的效果。

搭配 TIPS:

每个人都有独特的时尚口味，你既要学会放大它，也要将它限制在可控范围中。就像特殊的动物纹印花长裤，穿着它造型注定不平凡。但你也要在张扬的同时，利用基本与简单的单品，削弱它的攻击力。上身搭配清爽的白 T 恤，或是俏皮的糖果色衬衫，放松绷紧的神经，不必显得太没自信或者太庄重老土。

黑白印花长裤

经典的黑白配总是那么醒目修身，这已经不是秘密，但我还是要兴奋地唠叨一下，无论是花卉图案、几何图案、动物纹甚至五花八门都叫不上名字的花纹，都值得你勇敢地尝试一回！你可以选择线条流畅的锥形裤，搭配白衬衫与小西装，为办公室造型添彩；也可以选择打底裤样式，穿着一款宽松的长 T 恤，有效遮盖小赘肉，好穿又时髦！

搭配 TIPS:

让黑白印花成为焦点，就在很大程度上掩盖了身材缺陷。不必为上衣花费心思，基础款的圆领或V领T恤、衬衫永远都不会令你失望，束腰穿着长裤更利落有型！如果你不想让自己显得刻板，那么衬衫上的蝴蝶结、荷叶边，以及T恤上的轻松字母游戏，也会为你拉近与他人的距离！

第12节 九分裤，别怕露出你的脚踝

许多女孩跟我抱怨，穿着裤子总是不尽如人意。尽管尝试了许多不同的款式，却无法达到苗条的效果。其实在挑选裤子的时候，款式设计总要放在长度之后，首先找准合适的长度，才会进而展现个性，衬托好身材，令双腿更加笔直纤长。因而，最简单的方法是，选择九分裤！不要害怕露出你的脚踝，优雅别致的九分，不仅是时尚界最讲究的裤长，同样也是营造出瘦削骨感的最佳尺寸！

多长才是九分

女孩们通常认为“九分”便是“十分之九”，即只取正常长裤尺寸的九分。其实在英文词典中，九分裤叫做 Ankle length pants，也就是说，到达脚踝却不超过脚踝的长度，才称作九分裤，因而，从多种释义中，我们就不难理解九分到底有多长了。

九分裤的选购技巧

单一的纯色最安全、百搭、显瘦，能够从纵向起到拉伸修饰作用。谨慎选择印花图案，拒绝大图案印花，避免带来膨胀感。

直筒设计最能够修饰腿型，如果你有完美的双腿，那么锥形九分裤则能衬托得恰到好处。千万不要选择紧身款式，不仅会暴露身材缺陷，酷似健美运动员的外形，更会让你与优雅分道扬镳。也不要尝试夸张的阔腿九分裤，它会在视觉上破坏纵横比例，令你看上去像邋遢的矮小鸭！

深冷色系的羊毛九分裤适合通勤穿着；皮革材质适合派对；男友式牛仔九分裤适合周末休闲风格，能够散发出慵懒率性的气息；对于出席酒会或是约会场合来说，充满女人味的提花九分裤，可以展现出柔美妩媚的一面，同样不会错失好身材！无论面料如何千变万化，都要谨记为身体留出足够的伸展空间，因而，适当的弹性绝对是关键！

九分裤，搭出好品味

通勤方案：小西装＋衬衫＋高腰九分裤

作为通勤装的优雅搭配法则，束衫穿着高腰九分裤，更能令你展现出秀丽挺拔的身姿。不妨选择剪裁考究的西装外套，完美诠释时髦的职场风情。或者添加一条色彩醒目的腰带，可以为腰间增添一抹青春华丽的气息，告别死气沉沉的通勤造型，焕发内心活力！

酒会方案：塔士多外套 + 丝缎上衣 + 提花九分裤

想要打造魅力四射的夜间酒会造型，不妨选择线条流畅的提花九分裤，缤纷穿插的丝线更具风情万种的女人味。搭配亮泽的丝缎上衣，复古的袖形或领口会为你平添一抹耐人寻味的美。外披剪裁优雅的塔士多外套，更能彰显华而不庸的高贵品位。

派对方案：棒球夹克 + 套头衫 + 九分皮裤

如果你没有完美的腿形，又想在派对或音乐节中脱颖而出，那么松垮的直筒九分皮裤则是抢镜的必备品。代替修身贴体的款式，线条垂顺的它更能修饰下半身。搭配闪耀的套头衫，例如炫目的印花款式或璀璨的亮片缀饰，都能带来酷感十足的风情！外披棒球夹克，令整体造型富于动感活力！

逛街方案：连帽开衫 + 条纹上衣 + 九分牛仔裤

想要打造明星般的休闲风情，宽松的九分牛仔裤绝对必不可少！汲取男友衣装灵感的它，不仅简洁舒适，同样酷辣百搭。适当添加磨旧处理，会提升你的造型感。搭配惬意的条纹上衣，天气稍凉时，外穿卫衣式连帽开衫，也是恣意的个性表达！

约会方案：针织外套＋印花上衣＋亮色九分裤

用时尚创造一次浪漫的邂逅，女孩们一定不要忽视九分裤的强大魔力！选择一款剪裁考究的亮色九分裤，搭配浪漫清新的印花上衣，凸显甜美的淑媛气质。也可外披针织外套，选择拥有优雅的领口，复古的袖形或者浪漫的底摆款式，更会令他对你刮目相看。

第13节 基础牛仔裤，百搭穿出好身材

经久不衰的牛仔裤，是每个人衣橱里都不可或缺的基础单品，你买它永远都不会觉得浪费。相反，没有牛仔裤的日子简直就是出门前的换衣煎熬，因为我们实在找不出比它更简单、更完美的替代品！

直筒牛仔裤，舒适周末之选

作为最大众化的牛仔裤款式，直筒牛仔裤既不挑身材也不挑年龄，是周末休闲穿着的舒适之选。建议不要选择太多的磨白效果，会影响你的造型优雅度。简约的天蓝色或深蓝色即可，只要线条流畅、剪裁考究，就非常好穿百搭。你可以束腰搭配淡彩色上衣，也可以穿着亮丽清新的印花衬衫。

紧身牛仔裤，休闲通勤两相宜

作为休闲通勤两相宜的单品，深蓝色与黑色的紧身牛仔裤更多用在职场着装中，为你上身的衬衫与小西装增添洒脱，又不会抹杀你的 OL 形象。但注意挑选时，确保裤腿没有太多的堆积，否则会令你看上去有些邋遢。另外，适当穿着高跟鞋也是提升气

质的方法！而对于休闲来说，你可以选择一件短上衣，着重凸显优美的腿部线条，也可以搭配一件长 T 恤或者长针织衫，松紧有度，令你看上去更加窈窕有型！

仿旧牛仔裤，时髦颓废风

由经磨白，增添破洞、撕裂等效果处理的仿旧牛仔裤，是不羁个性的时髦表达。虽然它不太受长辈们待见（见家长的时候最好别穿），却是突破传统，演绎颓废率性的奇妙方式。你可以搭配一件男孩子气的上衣，或者是披上男友的机车皮夹克，或者点缀一个很狂野的铆钉手镯。但你不必为了迎合它，从头到脚都穿得破破烂烂，这绝对是个普遍而又愚蠢的形象！

牛仔想摇滚，五金配件不能少

许多女孩都对摇滚风钟情不已，其实牛仔裤也可以穿出这种效果！通常选择紧身的款式，金色或银色的五金配件（拉链、扣饰等）必不可少，它能为你增添一丝粗犷与酷辣韵味；而精致考究的剪裁又会平衡这种野性美，令你日常穿着凸显个性又不会浮夸。可以搭配基础白衬衫，外搭皮夹克，也可以搭配印花上衣与廓形感十足的西服外套，提升你的高贵气质。

“男友式”牛仔裤，潇洒真性情

“男友式”这个词，当下简直火到不能再火，而作为出镜率最高的“男友式”单品，“男友式”牛仔裤也自立门户地成为一种独特的款式。它的直筒设计与宽松剪裁与男士牛仔裤极为相似，广受女性欢迎，而由经仿旧处理的它们，更成为中性灵感的首选单品。你可以卷起裤腿来穿，搭配格纹衬衫、休闲夹克与运动鞋，彰显中性帅气的一面；也可以搭配极具女性味的单品，如尖头高跟鞋、印花上衣、花呢外套，并以夸张醒目的珠宝配饰做点缀，洒脱又不失妩媚。

白色牛仔裤，挑剔出来的完美

作为膨胀系单品，如果你没有无可挑剔的身材，白色牛仔裤绝对让你吃不了兜着走。但若恰好你的身材与超模不相上下，那么白色牛仔裤也许正是你闪耀个性的所属！建议选择紧身款式，凸显令你的骄傲的双腿。适宜搭配素色 T 恤、条纹衫、皮夹克，当然，一双拉长腿部曲线的高跟鞋是提升气质的完美搭档！

缤纷牛仔裤，小心色彩陷阱

店铺里销售的五彩斑斓的牛仔裤，每次路过都忍不住多看两眼，甚至再劝自己试一次。但站在镜子面前那一刻，简直精神崩溃！不要以为这些色彩会令你多么惊艳，没有纤长的双腿，就打消荧光色与糖果色牛仔裤的念头吧！你可以尝试一下宝石蓝、紫罗兰、枣红色等，这些色彩虽然不那么醒目，但却可以在满足我们彩色牛仔裤的小小愿望的同时，又不容易放大我们的身材缺陷！

复古牛仔裤，就要这种范儿

复古的高腰牛仔裤能够衬托你纤细的腰部，但前提是你有一个娇俏玲珑的臀形！穿着它，搭配各式 T 恤与衬衫，都非常挺拔有气质。如果你偏爱复古的喇叭牛仔裤，建议选择充满现代感的微喇款式，不会令你看上去太夸张，但又会有效地衬托你的纤长双腿，这对于身形高大但双腿并不纤细的人来说非常奏效！你可以用最基础的白衬衫搭配它，点缀一对别致的复古耳环，或者优雅古典的宽檐呢帽，都会很精彩！

第14节 帅气夹克，吸睛又有型

机车夹克

提到机车夹克，最早让我想起的便是电影《飞车党》里冷峻帅气的马龙·白兰度身着黑色机车夹克的酷辣姿态。当然，它如今已不是男人的专利，有趣的调查发现，在大多数男人眼中，穿着机车夹克的女孩更具吸引力。虽然不容否认许多电影镜头给予女星耍酷的机会，让她们像男人一样玩顶级车技，骑机车在黑夜中一路狂奔，机车夹克令她们看上去性感又神秘。但在现实生活中，女孩们也同样可以选择穿着机车夹克扮靓耍酷，演绎潇洒的一面！

★ 率性朋克机车风

装饰铆钉的黑色机车夹克个性又有范儿。可以选择完美的中短款剪裁，增添斜拉链设计。内搭趣味印花T恤，带来俏皮的叛逆感。下身可穿着紧身低腰牛仔裤，极致贴身的流畅线条，结合个性不羁的磨旧、破洞或水洗处理，为你的整体造型注入无限酷辣风情。如果再搭配一双帅气的机车靴，那就再完美不过了！当然，如果你尝试将它与尖头高跟鞋搭配，也会收到别具女人味的惊艳效果。

除了最经典的铆钉装饰黑色机车夹克，个性的拼接机车夹克，干净的白色机车夹克，以及秋冬款的皮草饰领机车夹克，也都是机车夹克的变换款式，同样非常受欢迎。这些款式较为前卫，你可以选择最安全的基础搭配——T 恤，牛仔裤，也可以适当地装饰靓丽的金属首饰，例如金色项链、手镯、耳环，或金属装饰的鞋履等。

如何购买到完美的机车夹克？

如果你并不是纤瘦的女孩，那么不对称设计的机车夹克更适合你。尤其是斜拉链细节，能够轻松掩盖腰间赘肉。

如果你的肩部比较宽，可以选择直筒款式；相反，如果选择收腰设计，那么会令腰肩比例拉大。也可以通过夸张的翻领来转移注意力，从而达到缩短肩部比例的效果。

想要收获凹凸有致的造型，除了注意带有收腰设计的元素外，同样，短款甚至迷你款（搭配修身T恤），大胆的撞色，图案拼接等，都会起到一定的美化曲线的功效！

对于骨架硬朗的女孩来说，挺括的皮革材质穿起来效果反而不好，不妨尝试一下羊毛混纺、粗花呢以及蕾丝等材质，柔软的面料会令线条更加柔美。

对于追求个性的女孩来说，彩色机车夹克虽然张扬鲜明，却不易搭配，安全的选择是驼色、暗红色与宝石蓝。

飞行员夹克

飞行员夹克的历史可追溯到一战时期，当时的机舱都是非封闭式，对于飞行员来说，一件足够保暖挡风的夹克尤为重要，因

而飞行员夹克便诞生了。这种夹克最初为皮革材质，高领设计，紧缩的袖口与下摆，衣襟的拉链闭合以及皮毛内衬，都是它鲜明的款式特点。二战时期，Leslie Irvin 设计的羊皮机车夹克，是每一位英国皇家空军飞行员的必备服装。1986 年的好莱坞电影《壮志凌云》，则令拥有羊毛内衬的美式 G-1 飞行员夹克成为新一轮时尚狂潮的引领者。

★ 简约迷人飞行风

对于女孩们的日常衣橱来说，一件经典的轻量级飞行员夹克，就能满足你春秋季节的所有迷人幻想！富有光泽的面料会为你的气质加分，同时更适宜将它穿出女人味。螺纹的领部、袖口以及衣摆，能够加强挡风保暖的效果，并且看上去十分动感。你可以选择简单的 T 恤、牛仔裤来搭配它，也可以尝试露腹迷你上衣以及运动裤的装扮，休闲之中流露出丝丝性感魅力。

对于新手来说，黑、白、灰三色的飞行员夹克最为百搭，春秋季也可以选择靓丽的糖果色或荧光色，能为你的造型注入新鲜活力。值得一提的是，印花飞行员夹克也十分走俏，动物纹、花卉图案、字母图案、几何图案都很受欢迎，只要在搭配上保持廓形与色系简单，即可将这些纷繁的印花款式穿出味！

如何购买到完美的飞行员夹克？

利落的剪裁令飞行员夹克看上去帅气十足，如果你想打造潮女风格造型，选择一款短收腰飞行员夹克，看上去更加干练自如。

寒冷的冬季，皮毛内衬的飞行员夹克既帅气又实用，可以拉下拉链翻出毛领，看上去更奢华。

春秋季节挑选飞行员夹克，可以从轻量级的棉质、羊毛以及其他透气织物入手，选择短款会衬托你娇俏迷人的身材。

棒球夹克

流行于美国校园的棒球夹克，至今依旧备受时尚人士热捧。它是美式校园文化不可替代的一部分，男女穿着皆宜的特性，令棒球夹克成为名副其实的“学院夹克”。

想要区分棒球夹克，你首先需要了解它的外观特征。这类夹克通常以羊毛为材质（多数为水煮羊毛），在袖口、腰部有螺纹收口（螺纹收口多数为对比鲜明的条纹图案），衣身与袖子是两种不同的颜色，视觉上对比十分鲜明（例如黑与白、红与白、蓝与白等）。在棒球夹克的左胸部位，通常缝有字母或符号标识，这是区分不同学校的棒球夹克的标识，通常为学校名字的首字母。如今，棒球夹克历经时尚变换，从 1865 年引入哈佛大学至今，已经有接近 150 年的历史。

★ 动感棒球风

棒球夹克作为休闲夹克，十分百搭实用。你既可以用它来替代运动开衫，增添一丝时髦气息；又可以作为街头风格的单品，搭配出酷辣不羁的风情。

基础的双色棒球夹克在视觉上更加修身，单一的纯色棒球夹克则比较低调雅致。如果是作为晨跑外套，那么灰色的棒球夹克是理想的选择，搭配灰色运动长裤与运动鞋，与单一的拉链运动上衣相比看上去更加摩登。如果是外出逛街休闲，那么可以搭配个性 T 恤（黑色或白色款最百搭），下身穿着牛仔裤或黑色小脚裤，简约有腔调。值得一提的是，针织帽与时髦的单肩背包也是搭配棒球夹克的不二选择。

如何购买到完美的棒球夹克？

棒球夹克的剪裁一般较为宽松，如果想展现傲人的身材，那么精致的及腰短款更适合你；如果想遮盖住小赘肉，那么偏中性

设计的宽大棒球夹克是绝佳的“瘦身”法宝！

根据气候选择不同的棒球夹克材质。如果较为寒冷，一件厚实上乘的羊毛棒球夹克，能在扮靓的基础上同时满足保暖需求；如果天气温暖，那么就可以选择轻薄的丝绒面料或丝缎面料，令你看上去更加轻盈有型。

棒球夹克的色彩五花八门，但最经典的还是黑白配。当然你也可以尝试红与白、蓝与白、绿与白、黄与白等组合的色彩，抑或是大胆的印花袖子，都令你看上去很摩登。

第15节　绞花毛衣，越纯粹越美好

带给人温暖安全感的绞花毛衣作为衣橱里的基础单品，无论你的年龄大小，身材如何，它浪漫的纹理都是你别具气质的表达。这类毛衣并不需要前卫的图案撑场，更不需要繁复的缀饰与拼接装饰，坚持“越纯粹，越美好”的原则，仅凭凹凸蜿蜒的绞花就能令你收获无限精彩！

妈妈手织的灵感

翻出中学时妈妈为我织的毛衣，依然触感柔软，穿着温暖。尤其是蜿蜒曲折的绞花纹理，当时并没有太在意，如今却发现竟然如此美好！它勾起了我对那段时光的留恋：妈妈窝在沙发里，一边看电视，一边与我和爸爸聊天，手里竟还能迅速地织着毛衣！

如果你也是个有心人，不妨翻出中学时的手织毛衣，不仅能够从中感到妈妈的浓浓爱意，同样也能充分发挥你的创造力，把它穿出不一样的时髦味！

轻松穿出学院味儿

凹凸富有质感的圆领绞花毛衣，干净的白衬衫，甜美的百褶裙……来自欧美学院派灵感的风格单品，让你轻松应对休闲街头装束，把日装变得更加轻松有格调！你可以从基础的黑色、灰色、米色、卡其色款入手，将内搭的白衬衫领翻出，搭配百褶半身裙，塑造出率性富有青春魅力的造型；也可以内搭长款牛仔衬衫，将衬衫下摆拽出，下身穿着牛仔裤，演绎个性不羁的学院风情！

Oversize 就是范儿

舒适度与实用性很强的大码毛衣，融入绞花图案更具典雅气息！不论你的身材如何，它都是你的保护伞。如果你身材偏瘦，那么穿着它搭配短裙，既能平衡骨感又带来小鸟依人的气息，流露出楚楚动人的女人味；如果你担心暴露腰间小赘肉，那么穿着它搭配修身的打底裤或牛仔裤，也能轻松塑造出曼妙有致的曲线感。

越鲜艳，越时髦

色泽艳丽的毛衣总是深得我们喜爱，尤其是糖果色、荧光色，它为沉闷的秋冬注入了丝丝盎然生机，同样也让你看上去如恋爱般气色红润。融入绞花设计的它们，无须配饰点缀，就已经非常惊艳了！如果你选择修身显瘦的迷你款，别忘了搭配一件印花短裙，让你看起来更加甜美怡人；如果选择宽松款，那么利落的直筒或锥形长裤，则是提升气质打造流畅线条感的扮靓法宝！

去古董店看看

绞花毛衣无论怎么变换，都无法阻挡我们对它那份纯粹的爱。如果你想要寻找原汁原味的款式，不妨去古董服饰店转转，没有前卫时髦的廓形，没有夸张艳丽的色泽，那淡淡流露的雅致与年代味，正是它的精华所在。尝试用它搭配做旧的牛仔裤，会碰撞出酷辣的高街火花！你也可以选择一款淑女味浓郁的复古款式，搭配飘逸长裙，也许旧故事里迷人的邻家女孩，就是你！

第16节 打底裤，四季穿不错

起源于 20 世纪 50 年代的打底裤，在当时并不被看好，甚至被评为最没有“时尚前途”的单品。然而今天，它却成为每个女性衣橱中不可或缺之物。无论春夏秋冬，你都能看到女孩们穿着不同种类的打底裤，穿在长衫下，搭配裙子，塞进靴子里……塑造出轻松雅致的造型。打底裤的穿脱方便与百搭特性，无疑令它成为最具时髦潜力的单品。如果你也对它情有独钟，那就不妨看看我的打底裤选搭指南，保证一年四季穿不错！

春季：弹力棉打底裤

对于春季来说，打底裤要质地轻薄，同时也要具备一定的御寒作用，因而舒适的弹力棉打底裤最适合女孩们穿着。选择连袜的长度，能够保证在干燥和寒冷的春天让脚腕得到保护。颜色挑选方面，黑色、灰色最基础百搭，紫色与深蓝色有一定的视觉显瘦效果。可以搭配宽松的长针织衫或套头衫，能够衬托你的好身材，让你看上去更加苗条。

夏季：冰丝打底裤

女孩们夏季穿着打底裤，最主要是为了防止走光。触感柔滑的冰丝是这类打底裤的最佳材质。从及膝到短及大腿长度不等，底边多拼接蕾丝材质起到装饰作用。颜色挑选方面，可以分为两类，裸色、黑色与白色是基础百搭的三种色彩，如果是具有装饰效果的打底裤，你可以尝试淡雅的冰淇淋色系（淡粉色、淡绿色、淡蓝色、淡紫色等），搭配长款 T 恤或同色连衣裙，增添一丝仙气。

秋季：弹力针织打底裤

针织单品纵横的秋季，你的衣橱里也不能缺少一条针织打底裤。具有一定保暖效果与十足弹力的它，能够确保你伸展自如，温暖迷人。不要吝啬你的荷包，一条质量上乘的针织打底裤可是能连续穿上好几季。可以选择及踝的款式，搭配束腰风衣与平底芭蕾鞋，塑造古典淑媛形象；也可以穿着个性针织衫与短靴，让你看上去酷味十足！

冬季：羊毛打底裤

寒冷的冬季，一款羊毛打底裤既可以单穿，也可以套在长裤内，贴身并且温暖十足。黑色与灰色是最百搭的色彩，蹬脚的款式既不会影响美感，也同样穿脱方便。注意如果单穿的话，加绒内衬的款式更能有效保护双腿，避免冻伤。上身穿着呢质大衣或羽绒服，搭配一双雪地靴就足够有型。

第17节 呢子外套，穿出冬日优雅感

冬日衣橱，最强调一种温暖的优雅感。你不需要像夏天那样花枝招展，也不必像秋天那样冷酷潇洒。拥有一件呢子外套，让柔美与温暖并存，你的气质绝对不输那些皮草飞舞的贵妇。当然，呢子外套的流行度跃升，似乎也是受到了全球气候变暖的影响，在轻薄和御寒中略胜一筹，令它在并不刺骨的冬日成为时尚人士的抢手货。

基础必备的黑色

无可挑剔的黑色呢子外套绝对是打造好身段的温暖必备！流畅剪裁，令你看上去简约有味道。可以搭配素色毛衣、直筒九分裤与及踝靴，演绎中性都市风格；也可以搭配一件艳色高领衫，与下身的透视感打底裤相应，为你的造型注入妩媚女人味！

亮色重塑好身材

对于冬季来说，提神醒目的亮色简直堪称治愈系神器！如果你想扫除阴郁的心情，那么一件亮色呢子外套绝对是明

智之选。但并不意味所有廓形都适合，尤其是对于亮色来说，选错廓形很容易弄巧成拙，在视觉上增加体积感。因而安全的选择便是亮色 H 型呢子外套，直上直下的线条轻松重塑好身材，只需搭配深色长裤与清新雅致的衬衫，就能令你看上去高挑典雅！

强调线条感的双排扣

作为呢子外套的经典设计，双排扣能够让你更加自然地突出线条感。无论是淑媛范儿的圆扣，还是古典的牛角扣，对称效果的双排扣，都能够在视觉上拉长曲线，打造出优雅完美的身材。富有质感的呢料，是这类外套的面料首选；而低调含蓄的灰色调，以及雅致深沉的海军蓝色，则是永不落时的百搭之选。你也可以用它搭配格纹衬衫与褶裥半身裙，打造古典烂漫的学院派造型，诠释不一样的青春姿彩！

复古花纹提升格调

告别秋日的死气沉沉，你需要一点个性渲染，同样需要一点情调令人回味无穷！不如来件复古花纹的呢子外套，浪漫蜿蜒的佩斯利图案、神秘纷繁的藤蔓花卉，无论是精致高贵的刺绣，还是印花，都会令你的日夜造型瞬间熠熠生辉！灰色、橘色、金色、银色、宝石蓝……这些温婉又璀璨的色调，混合在一起最令人心旷神怡！搭配简约修身的黑色小脚裤与高跟鞋，就能立刻凸显气质。

军装风的制服魅力

由经改良的军装风外套，添加女性元素更具柔美韵味，与硬朗的风格形成和谐的视觉效果，穿着起来灵活又帅气！建议入手一款军装风的收腰呢子外套，优雅的大翻领结合 A 字形下摆，流露出丝丝入扣的女人味。记得要选择一个经典的色调，海军蓝抑或是橄榄绿，搭配夸张的宽腰带，令你步履轻盈，曲线鲜明。下身可搭配紧身牛仔裤或连裤袜，搭配长靴，即可散发出野性不羁的时髦魅力！

结构至上的呢子斗篷

如果你想为自己的造型增添结构感，那不妨选择一款呢子斗篷，简约易搭的它能为你重塑身架结构，瞬间提升气质！长度及臀、双排扣、系带收腰以及立领设计，能够为斗篷注入帅气与活力，同时不会抹杀你的窈窕身材。宽大廓形的它，可以搭配修身剪裁的长裤，起到鲜明的对比效果。再配上坡跟及踝靴，可令双腿更加纤细修长！

第18节 花样棉服，穿出自信好身材

冬季如果没有一件棉服，的确无法应对寒冷气流。纵览近年来的棉服流行趋势，图案款式越来越受到女孩们的欢迎。从鲜艳的花卉印花，到神秘性感的兽纹，再到酷辣中性的迷彩图案，都值得一试。想要轻松摆脱厚实衣料的臃肿感，女孩们可以从这些花样棉服入手，打造冬日里的窈窕好身材！

优选轻巧的短中款设计　如今，长款棉服已被打上“臃肿”“厚重”“无曲线感”的标签，尤其是对于追求 S 形身材的女孩来说，它更容易抹杀你的身材优势，变成不折不扣的“筒妹”。因而，想要在款式设计上凸显身材，选择轻巧的短中款就变得尤为重要。

保暖效果不在于填料多少　其实，棉服的保暖原理与我们冬天盖的棉被的原理差不多，如今，又重又不贴身的老式棉被已经被新式多孔贴身又轻盈的棉被取代；同样，选购棉服时我们要看棉服的絮填里料是否更保暖，而不是棉服有多厚实、多沉重。高档棉服的絮填里料不仅有优质的棉花，也有鸭绒或鹅绒，配合防风保暖的外层面料，能够帮助棉服减轻重量，令保暖效果更加出众。

收腰的剪裁与设计　女孩们购买棉服时，通常忽视了它的剪裁。虽然棉服的收腰看上去不像夏天衣服的收腰那么明显，但真正穿着起来，没有合身收腰剪裁，就会显得非常臃肿。如果你感觉腰部剪裁并不理想，也可以尝试内部抽绳设计的款式，同样能起到美化曲线的功效，并且看上去更自然。

风格一：印花棉服，冬日里的小清新

对于追求小清新风格的女孩来说，印花棉服是不错的选择。图案选择上，精巧的小碎花远比大朵的花卉看上去精致高档。你可以选择从稀疏到浓密的印花款式，或者富有层次感的色彩渐变印花，避免带来僵硬死板的反效。搭配越简练越能凸显棉服的炫目，选择紧身长裤与短靴就非常不错。

风格二：迷彩棉服，不羁野性范儿

充满野性气息的迷彩外套，作为军装风的主打单品，带给女孩迷幻不羁的丛林魅力！尤其是短款修身的设计，更能展现出帅气干练的一面。女孩们都可以充分发挥想象力，不必拘泥于一贯的传统色调与风格，选择毛领拼接的缤纷迷彩外套，秋冬穿着更具前卫摩登的都市气息！可以搭配宽松的羊毛衫与利落的铅笔裙，勾勒出优美的身材曲线，起到柔美平衡的功效。

风格三：兽纹棉服，冬日也性感

不要为了性感而向寒冷的严冬挑战，拥有一件兽纹棉服，你照样可以令人垂涎三尺！挑选一款合身收腰的款式，无论你青睐的是豹纹、虎纹、斑马纹还是蟒纹，搭配修身的黑色单品，永远令你看上去窈窕纤瘦——例如，黑色的V领毛衣、黑色紧身小脚裤、黑色的高跟靴等。这一招简直百试不厌！

第19节 巧选羽绒服，温暖又时髦

羽绒服，这个冬季必备的御寒单品，却常常令女孩们煞费苦心。究竟怎么样才能避免臃肿，穿着保暖又时髦呢？你也许会说，这根本无法两全其美。其实不然，只要你能掌握羽绒服的 5 个挑选法则，从款式、色彩、图案出发，将经典款式熟记于心，绝对能在冬季打个漂亮的摩登战！

精巧短款，绗缝是关键

谁不知道短款的羽绒服看上去最轻盈？然而仅仅缩短长度还不够，想要彰显你的不俗品位，细节制胜才是王道。所以，绗缝在此就显得尤为重要了。起初，绗缝是为了固定羽绒服中的填絮物，如鸭绒、鹅绒。但如今绗缝不仅扮演着保形的角色，同样也令羽绒服看上去更加精致合身。因而，在挑选短款羽绒服的时候，不同部位有不同细密度的绗缝，会减轻羽绒服的臃肿感。而不同形状的绗缝，如条状绗缝、菱格纹绗缝等，也令单一的羽绒服变得更加细腻精致。

中长款“腰”给力

中长款羽绒服是女孩们经常选择的款式。虽然它能够掩盖局部小赘肉，但令人郁闷的是，它也能一秒把你变成“筒妹”。因而，在选择这种羽绒服时，注重腰部的设计才是关键。选购时，尽量挑选那些收腰剪裁或者添加腰带、抽绳的款式；或者选择下摆呈A字形的设计，也能在视觉上凸显你的三围立体感。

长款穿出酷味

对于较为寒冷的地区来说，一件遮盖腿部甚至长及脚踝的长款羽绒服是冬季衣橱的必备单品。也许你对它的时髦感没有抱太大期望，但其实如果你能不走寻常路，多注重设计与穿法，也能轻松打造摩登酷味！奢华的皮草不论装饰在帽边还是领部，都能提升华丽感；选择一个前卫的领形（翻领、不对称领等），能够巧妙地避免枯燥；不要白白浪费下摆的双拉链设计，令双腿若隐若现也是穿出女人味的小伎俩。

黑色才是瘦身王道

黑色羽绒服无疑是冬日里的瘦身利器，无论是短款、中长款，还是及踝的长度，黑色总能令你轻松告别臃肿身材。然而，要想脱颖而出，就要多留意细节设计。毛领、不对称衣摆、材质拼接等融入，都会为你的造型加分不少。

花哨图案提升吸睛指数

打破沉闷的冬季，用花哨图案提升造型吸睛指数，人也顿时感觉轻松愉快了不少！充满北欧风情的小鹿雪花图案，是俏皮女孩的心头好；英伦腔调的格纹增添一丝优雅风情；渐变的印花图案看上去更加自然精致。如果你是骨子里就追求性感的女孩，那么兽纹印花的羽绒服可别错过。

第20节　小皮草点亮华丽冬季

作为冬季衣橱的奢华单品，小皮草几乎是每个女孩都想拥有的终极华丽武器。将它披在轻薄针织衫外，或长长地裹住身体，露出性感的丝袜，再搭配一双高跟靴，毫无疑问，它将令你成为无法错过的焦点。也许你还没有尝试过皮草，因为担心它会把你变成一个毛球而抹杀曲线感，或者因为你是一位忠实的动物保护主义者，这些都可以理解。但如果你能掌握几点挑选搭配小窍门，或者尝试拥有奢华造型感却不会违背准则的人造皮草，那么你是否也会立刻心动呢？

皮草长外套

在出席高档场合或约会时，一件奢华的皮草外套就显得格外重要了。尤其是在寒冷的冬夜派对，用皮草外套搭配小礼服，就算没有珠光宝气，也一样夺目迷人。可爱的女孩可以选择彩色的卷羊毛材质；想要大胆追求女人味，那么狐狸毛、貂毛则是不错的选择。当然如果你只想起到保暖作用或者为造型锦上添花，那么也可以尝试人造皮草外套。我曾见过一名模特穿着人造皮草，娇艳如高傲的火烈鸟，从哪个角度看都无与伦比。因而，在挑选人造皮草时，只要确保染色均匀，富有质感，就值得一试！

如果你选择的是深色皮草外套，还会比较显瘦，但如果是淡色系，那么就要注意搭配上以轻盈薄透为主，才能在视觉上减少臃肿感。或者，你可以选择一个艳色系（鹅黄、粉色、红色、翠绿色等），搭配黑色的单品，看上去会非常有型。再或者干脆花哨一点，选择图案染色的皮草，形成的视错效果能够起到修身的作用。

皮草短夹克

利落的皮草短夹克，既可以作为日常装束，也可以融入高级场合的造型中。如果你并没有考虑到应酬或者派对，那么宽松带

有一点运动风格的连帽皮草短夹克，就再适合不过了。可以选择百搭的黑灰色，或者白色。如果你想挑选日常与派对皆宜的款式，那么选择翻领或无领的短款，则更能彰显出你的时尚气质。对于皮毛长度来说，前种风格适合修剪有型的茸毛，后者稍微奢华一点，顺滑的长毛会更有气场。

皮草短夹克搭配起来十分简单，你完全可以选择“长短搭”，用一件过臀的针织衫或连衣裙与皮草夹克的短收腰相对比；也可以选择常规的短衫、牛仔裤与靴子来搭配它。总之，把它当作普通的短夹克来处理，你就不会束手无策了。

皮草马甲

如果热爱皮草，又不想让自己穿得像笨拙的泰迪熊，那么皮草马甲则是时髦又华丽的选择。皮毛本来就会带来膨胀的视觉效果，因而对于大骨架女孩来说，在选择皮草时，无论是从材质、色彩，还是款式上来讲，都要斟酌再三。首先，选择一个顺滑的毛皮，其中长山羊毛与狐狸毛最为卓著，它们垂顺有型，看上去飘逸又奢华。当然，也可以考虑修剪整齐的短毛，但一定避免选择卷曲的毛皮，它会令你的造型乱糟糟，显得邋遢。其次，咖啡色、冷灰色以及黑色，在视觉上有一定的压缩效果，对于宽阔明显的骨架有修饰作用。

想要将皮草马甲穿出轻盈感，不妨在款式上多下功夫。皮毛搭配、蕾丝边装饰以及材质拼接，都会避免单一皮草带来的沉重体积感。如果想要衬托出凹凸的身材，那么修身收腰必不可少。长及腰际甚至迷你款，都能够凸显修长的下半身。如果想要增强造型感，那么选择一款及臂的皮草马甲，也会让你有充足的发挥空间！

第四章

Chapter Four

点 睛 配 饰， 精 打 细 算 也 时 髦

第1节　太阳镜，遮阳扮靓必备

有效防止紫外线辐射的太阳镜，能为你的双眸打造美丽的屏障。不仅仅是夏季，同样在强光反射的冰雪季节以及风沙严重的春秋季，它都会派上用场。当然，太阳镜也有掩盖倦容的神奇功效，并能帮助你轻松应对匆忙的外出，即使没有时间化眼妆，简单涂上唇彩戴上太阳镜，也能瞬间光彩照人！那么要如何挑选适合自己的太阳镜呢？我当然有小窍门与你分享！

经久不衰的五款太阳镜

如果你想在购买时做到“一针见血”，或者你有一个长期单一的太阳镜选购计划，那么下面这 5 款太阳镜随便哪一款都值得一试。

1. 黑色框架的太阳镜，就像连衣裙中的 LBD（小黑裙），能够经久不衰并且适合各种休闲场合佩戴。你只需要根据脸形选择款式，或者在镜片色彩上花点心思即可。灰色、黑色以及渐变黑色最经典，零基础的女孩可以从这类太阳镜入手。
2. 白色框架太阳镜，是非常自然且衬托好肤色的选择。如果你肌肤白皙或是健康的小麦色，那么这类太阳镜则能起到一定的衬托功效。你可以选择简单的方形或者超大廓形，也可以尝试奇妙的多边形甚至圆形，佩戴它搭配度假装或沙滩装，别有一番浪漫趣致！

3. 金属框架飞行员太阳镜，是经典的明星必备款，好莱坞女星安吉丽娜·朱莉、詹妮弗·安妮丝顿、梅根·福克斯、凯特·波茨沃斯等，都是这类太阳镜的忠实粉丝。你可以选择经典遮阳的深色镜片，也可以选择反光的彩色镜片。

4. 玳瑁纹框架太阳镜是经典不衰的太阳镜款式之一。自20世纪中期流行开来的玳瑁，原指玳瑁龟壳材质，而由于这个物种濒临灭绝，人们便利用塑料板材等材质结合玳瑁纹替代它。对于太阳镜来说，这种深浅相应的斑驳图案正是经典时髦的象征。你可以选择黑色、灰色、棕色镜片，圆形或者旅人太阳镜款式，很随性有型！

5. 猫眼太阳镜，是许多偏爱复古风格女性的时髦小物。从性感女神玛丽莲·梦露，到优雅淑媛奥黛丽·赫本，好莱坞电影女王伊丽莎白·泰勒……她们都对猫眼太阳镜有着特殊的情结。这类太阳镜拥有倾斜向上的外边缘，像猫眼一样神秘富有魅力。你可以选择保守一点的同色款式，也可以大胆尝试框架与镜片色彩相异的款式。

选对款式，衬托脸型

想要佩戴太阳镜令你看上去如明星般闪耀，选对款式是第一步。对着镜子仔细观察自己的脸形，如果你属于椭圆形脸，那么旅人太阳镜与方形太阳镜，会帮你美化骨架，令脸部轮廓更加分明；如果你属于方形脸，那么明星气质的飞行员太阳镜，弧度优雅的圆形太阳镜，则能起到柔化脸部线条的功效；如果你想摆脱稚气未退的圆 Babyface，那么就不妨尝试一下方框太阳镜与超大廓形太阳镜吧，它们会帮你遮盖肉肉的脸部，令你的脸部线条更加成熟有型；当然，如果你拥有上天宠幸的锥形脸，那么也不要骄傲得太早，找到展现个性的关键点，才能将完美脸形衬托出来。我建议你尝试旅人太阳镜或复古猫眼太阳镜，都会收到不错的效果！

TIPS: 太阳镜挑选必知

专业的 100% 防紫外线（防 UVA、UVB），确保佩戴舒适不眩晕。

镜片的色彩深浅变化与紫外线防护效果无关，但深色镜片可以降低光强，尤其是在雪季。

黑色、灰色、褐色镜片不易失去原色。驾车避免佩戴红、黄色镜片的太阳镜，影响辨别红绿灯。

场合佩戴法则

不要将太阳镜的佩戴场合笼统地归结到休闲，即使是周末假期，你也要了解什么样的镜片色彩与款式，适合在什么样的环境氛围下佩戴。

驾车——灰色、褐色镜片太阳镜

滑雪——棕色、橙色镜片太阳镜

网球——绿色、蓝色镜片太阳镜

高尔夫——古铜色镜片太阳镜

婚礼、聚会——飞行员太阳镜

音乐节、派对——彩色镜片或彩框太阳镜

散步、度假——旅人太阳镜

第2节　巧搭围巾，小耍时髦心机

作为一年四季都备受宠爱的配饰，围巾总能为平凡衣装注入无限精彩！相比服装，它更是一种划算的“心机”投资，你可以收集几款持续流行的围巾款式，不必频繁更换上衣，就能通过围巾的搭配演绎出千姿百态的时髦气息！

四季必备围巾款式

春季——棉麻围巾

触感舒适的棉麻围巾，能在春季为你遮挡风沙，是踏青、度假、游山玩水的别致搭档，既不会令你感到沉重，又能为你的颈间增添时髦与安全感！

夏季——真丝围巾

如果你想化身风一样的女子，千万不要吝啬真丝围巾，快让它为你的造型增光添彩吧！轻量级的质地结合鲜艳的色调或缤纷的印花，为你的衣裙增添一丝飘逸与活力！

秋季——羊绒围巾

金色的秋天能够佩戴羊绒围巾是多么温暖美好的事！你不

仅可以将它围系颈间，同样可以披在身上，御寒保暖又时髦！

冬季——针织围巾

厚实的针织围巾在寒冬送来温暖问候，它能与你的毛衣风格相得益彰，并令整体造型更加丰富有趣。你可以耍宝简单的围脖式围巾，也可以选择大胆前卫的图案款式，都能令造型熠熠生辉！

一条围巾，一种个性

骷髅头围巾

奢侈品牌 Alexander McQueen 创造的骷髅头围巾，堪称经典富有创意的围巾代表。你无须为追赶名牌而掏空荷包，从廉价的几十元到上千元，只要会搭配都能演绎出时髦气息！轻量级的真丝雪纺质地，是这类围巾最理想的材质。

印花方巾

极负盛名的 Hermès 印花方巾已经由品牌经典演变为时尚趋势。不同色彩、印花、纹理令每一块方巾都那么与众不同。你可以用它来搭配小西装、衬衫，为你的通勤装增添一抹亮丽；也可以与休闲白 T 恤或华丽晚装结合，令你毫不费力就能收获别致惊艳！

格纹围巾

经典的 Burberry 格纹围巾几乎是时尚人士人手一件的精彩配饰。当然，你也可以尝试千鸟格、棋盘格等风格各异的图案，它们都是应对各种场合装束的完美之选！

豹纹围巾

1954 年，女星玛丽莲 · 梦露佩戴豹纹围巾度蜜月，这种反传统的野性风格配饰瞬间成为性感女神的魅力武器，并载入时尚史册。如果你也想展现妩媚富有女人味的一面，那么豹纹围巾绝对必不可少！

怎么佩戴才够潮？

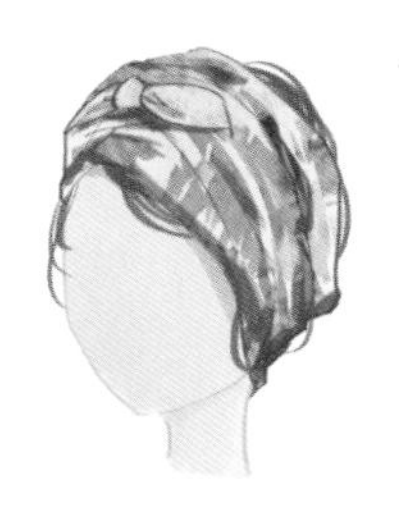

1. 像阿拉伯人一样围裹头部，佩戴酷辣的太阳镜，度假遮阳又时髦 —— 适用于轻量级围巾

2. 乘飞机小憩时披在身上，防止着

凉同样摩登——适用于宽大的羊绒围巾

3. 系在手袋、腕间、腰间、脚踝上，或作为发带使用——适用于印花真丝围巾

TIPS: 选搭小窍门

选择衬托肤色的围巾色调，打造时髦好气色。

选择与发色一致的围巾色调，让头发成为围巾的天然搭档。

选择与妆容相近的围巾色调，增强暖色系或加重冷色系。

穿着白色 T 恤或黑色夹克衬托围巾的亮丽。

选择与上衣色调一致的印花围巾，两者相融相衬更精彩。

混搭色调相近的珠宝、配饰、鞋、包等，让围巾看起来丰富俏丽，避免头重脚轻。

第3节　实惠又点睛的珠宝

我曾经结识一位出色的时尚达人 Megan，当她炫耀自己的首饰盒时，我简直不敢相信自己的眼睛。如此琳琅满目的饰品，所有的项链、手镯、戒指、耳环等加起来，竟然只有几百元，却件件个性抢眼！她不仅能够慧眼识“珠”，同样，挑选珠宝配饰的理念也值得借鉴——只选对的，不选贵的！如果你也想用珠宝丰富造型感，花最少的钱收获最时髦的装扮，那就快点掌握些选搭技巧吧！

花哨却不昂贵的材质

替代昂贵的贵金属与宝石，花哨却不昂贵的材质，已经成为风靡珠宝界的一大趋势。不得不承认，每个人都爱它！剔透的方晶锆石，看上去像钻石一样明亮；缤纷的彩色水晶营造出宝石般的光彩；更有碧玺、人造珍珠、绿松石、玉髓、搪瓷、树脂串珠、羽毛、皮革等材质制作的珠宝，能够轻松为你的装扮注入精彩！

场合必备珠宝

工作——晶莹耳钉、金色手链

与黑白通勤装相应的职场珠宝，也应该力求格调高雅、造型简约。晶莹的耳钉衬托白皙的肌肤，为你的妆容增添清澈高贵的气息；金色手链与黑色小西装搭配也不错，“黑金组合”干练又豪华！

约会——吊坠项链、淡彩耳坠

小心，太过浓艳的珠宝会吓跑你的心上人！因而选择线条流畅简洁的吊坠项链，更加自然有情调。淡彩耳坠也是不错的选择，尤其是细小的珠串，更是柔化气质的法宝。

酒会——鸡尾酒戒指、流苏项链

穿着小礼服出入酒会，你的珠宝也要与你的气质相互呼应。硕大惊艳的鸡尾酒戒指不可少，它让你提起裙摆、盈握手包、交谈甚欢、手舞足蹈时，都能流光溢彩。而犹如瀑布般倾泻颈间的流苏项链，也能令你毫不费力就提升造型感！

度假——珠串手镯、民族风项链

为了安全起见，外出度假时就把钻石、宝石配饰留在家中，戴上廉价却不失格调的珠宝吧！五颜六色的珠串编织手镯，装饰着皮革羽毛等材质的民族风项链，保证让你拍出美美的照片！

派对——分层项链、夸张耳环

嘈杂劲爆的派对，就要夸张惊艳的珠宝撑场！即使你衣着简约，一条风格浓郁的分层项链，一对夸张别致的耳环，也能为你的造型增添奢华韵味。切记材质不在于贵贱，而在于耀眼！

TIPS: 项链的搭配小窍门

1. 佩戴项链不代表必须裸露颈部，试着搭配简单的圆领毛衣、翻领衬衫，让它成为美丽的“假领”。

2. 拉长线条的长链项链，搭配V形领的上衣最精彩。不仅仅是打底衫，你也可以搭配V领小西装，为你的通勤造型增添别致。

3. 搭配易钩针刮丝的针织或丝缎类服装时，可以选择饰有布面背衬的项链，既让服装得到安全的保护，又能平整地展示项链光彩！

4. 不想让珍珠项链看上去老土？如果是长链，你可以通过透明橡皮筋把它隔断，创造艺术风造型感；如果是圆形链，那么混搭缤纷的树脂、水晶项链，或者金银色项链，也能令时髦度跃升！

5. 如果穿着淡雅的小礼服，那么可以搭配多条长短不一的细链吊坠项链，让它们如同闪烁的星星布满颈部，替代夸张浓艳的项链，会令你惊艳不落俗！

第4节　魔力无穷的腰带

腰带，也许仅仅是让裤子更合身的工具，也许是创造大胆时髦的造型神器，这取决于你如何看待它，以及挑选与搭配的方式。无论你是一个急于求成的瘦身计划者，还是力求扫清时尚死角的完美主义者，掌握腰带的选搭小技巧，都会让你毫不费力地变美丽！

买腰带不是集邮，两条就够

很高兴你能如此重视腰带，但买腰带并不是集邮，在有限的荷包下，你只需要两条，就能迎合一年四季的各种场合需求。首先是黑色皮质腰带，无论是工作还是休闲，你都可以佩戴它，干练又修身；其次是纤细的亮色皮质腰带，粉色、洋红色、玫红色、柠檬黄、湖蓝色都是百搭点睛之选，为你的隆重装束增光添彩。

要么简单，要么复杂

腰带的风格取决于你的造型风格。有些人喜欢流畅简约，有些人喜欢繁复花哨，但无论你倾向哪种，腰带都起着重要的连贯、延续作用，这就要求它与整体造型保持一致——要么简约，要么复杂，这是最省力安全的技巧。例如你穿着小黑裙或小白裙，那么光滑纯色的腰带就是理想之选，如果你穿着印花装或提花装，那么腰带至少在款式、纹理、图案、材质上拥有细节感，才会令整体看上去更加和谐精彩！

服装第一，腰带第二

尽管佩戴腰带在很大程度上是为了吸引注意力，但归根结底它的作用是衬托你的服装。与服装格格不入的腰带，就算本身再

华丽精致，搭配起来也会适得其反。因而，想要将腰带的魔力发挥最大化，就要谨记：服装第一，腰带第二。你可以从简单的相近色或对比色起步，通过一致或对比提升服装的时髦度。熟练后，你可以通过款式、图案、纹理、缀饰等变化，让腰带成为辅佐服装的绝妙法宝！

一分钟小“腰”精

长期佩戴腰带，不仅能够有效减少腰腹脂肪囤积，还能令你一分钟拥有曼妙腰身！对于剪裁宽松的衬衫、连衣裙、连身裤来说，添加一条细腰带，能够瞬间勾勒出凹凸有致的曲线感。对于高腰短裤、长裤、半身裙、长裙来说，添加一条宽腰带，则能有效地提高腰线，拉长你的下半身比例，瘦腰效果也相当出色，同时还能为你的造型增添一种磅礴气势。

第5节　巧戴帽子，别致不出错

帽子，并不是每个女孩的必备配饰，但如果你大胆尝试，也许能获得比珠宝首饰更闪耀的亮点！它是你值得投资的时尚单品，纵使衣橱过于简陋，戴上一顶风格适宜的帽子，也会令平凡的衣装瞬间光彩照人。当然，也有女孩向我抱怨：“为什么别人戴帽子美极了，而我却看上去像个傻帽！”事实是，如果你遗漏了正确佩戴帽子的关键——场合与着装，那么后果确实不堪设想。

拥有一颗平常心

“怎么办，我戴这顶帽子，应该搭配什么样的衣服、鞋子、包袋、首饰……”姑娘，先别这么激动，放松你绷紧的神经，保持一颗平常心对待它，它才会变成你的完美配饰。你应当首先考虑着装，其次才是搭配什么样的帽子，这样就不会“用力过猛”或“草率了事”。

尽可能简单

即使你偏爱花哨的装束，也要尽可能保持简单。佩戴帽子时需要简化珠宝，甚至不戴也可以。你可以利用发色来呼应帽子的色调，黑色与红色、金色与米色、栗色与酒红色……或者配上干净的妆容与粉红的双颊，令帽子变得生动俏皮。

修饰你的脸形

选择宽檐的帽子，对于脸部肉肉的女孩相当奏效；如果你拥有小巧的脸庞，那么选择帽顶高的帽子，相比紧贴头部的款式更自然有型。佩戴帽子时，适当留出刘海才不会让你看上去像戴假发一样古怪。尤其是对于针织帽来说，如果不想变成“拖把头”，那么往后佩戴会更自然雅致。

保持色调一致

毫不费力便能戴出时髦感的捷径，便是选择与衣装同色调的帽子。这是一种十分安全奏效的方法。白色运动装配白色棒球帽，驼色大衣配驼色宽檐呢帽，红色贝雷帽配红色外套，亮色针织帽配亮色羽绒服……当然你也可以在同色系中变换，例如帽子与衣服同属中性色、水粉色、糖果色、荧光色甚至金属色等，都保证你避免突兀感，既端庄又时髦！

保持风格一致

如果你穿着度假长裙，那么草编太阳帽则是再理想不过的搭档；如果你穿着运动装或运动化时装，那么棒球帽则能起到相互辉映的作用；如果你穿着宽松的针织衫或飘逸的大衣，选择一顶宽檐呢帽则能平衡廓形，避免过于松垮，为你的衣装增添一丝优雅魅力！

第6节　实用又时髦的手套

作为寒冷冬季的必备配件，手套不仅能给予双手温暖的呵护，同样也体现你对时尚生活的一丝不苟。佩戴实用又时髦的手套，你不必再双手抄兜，瑟缩囊中，即使是飘着雪花的天气，也能够大胆地张开双手，在冰天雪地里尽情撒欢！

市场上的手套材质花样百出，但都需要亲身体验与时间考验，才知道哪种最保暖耐用。

皮质手套

经典的皮质手套轻巧灵活，是高贵舒适的风格搭档。小羊皮（绵羊皮与山羊皮皆可）是亮面皮质手套的最佳选择，而哑光的翻绒羊皮手套，则是低调雅致的理想之选。黑色、灰色与棕色最为百搭，你可以尝试这类色调的机车款式，铆钉、链条以及五金配件装饰，会让手套看上去更加酷辣有型。你也可以尝试优雅亮丽的枣红色、紫罗兰、宝蓝色、橄榄绿以及米色等，搭配暗色调服装，为整体造型增加时髦感。

购买皮质手套前应仔细检查连接处是否线迹紧密，以保证手套更加耐用，不易发生皮革撕裂。当然，不要忘记衬里的重要作用：初冬选择羊绒与新雪丽棉衬里，轻薄且保暖；如果是冰雪天气，那么暖融融的剪羊毛、兔毛皮衬里则是不二之选！

避免让皮质手套接触雨雪，清洁时购买皮革清洁剂，并按照皮革保养的程序进行保养，能有效延长它的使用寿命。

针织手套

针织手套最为常见，分指要比连指的款式更保暖。以防可恶的起球，在购买时尽量避免选择人造纤维的材质，像腈纶、尼龙或聚酯纤维等，多选择羊毛、羊绒等天然材质。

紧贴肌肤的针织羊毛手套，不仅舒适暖和，也同样方便打理。你也可以尝试鲜艳的糖果色与荧光色，为冬季造型注入活力；如果你想在正式场合佩戴，那么选择一款优雅的灰调羊毛手套，柔情有质感。

TIPS: 手套的选搭小窍门

1. 冬季穿着黑色外套，可以搭配别样材质的黑色手套，于细节制胜；也可以搭配黑白图案的手套（斑马纹、千鸟格、犬牙纹等），鲜明有品位。

2. 选择彩色手套时，找到一个对称点，例如同色的帽子、围巾、鞋靴等，让它看上去时髦不突兀。

3. 富有戏剧性的皮质长手套，搭配一件半袖大衣或斗篷，效果会更好；针织质地的长手套，可以选择亮色款成为暗色毛衣的精彩点缀，也可以选择低调的黑、灰色，搭配皮夹克，平衡粗犷，融入细腻女人味。

4. 皮草手套高档奢华，却十分娇贵。不如选择局部皮草装饰的手套，可拆卸的款式更易躲避恶劣雨雪天气的伤害。

第7节 黑色高跟鞋，百搭气质必备

想要应对任何场合都完美不出错，你一定不能没有它——黑色高跟鞋，无论是面试、上班、约会或聚会，它都是百搭的气质必备。遵循这类高跟鞋的挑选法则，你会发现它永不落时，并且能充分展现你的女人味！如果你也是高跟鞋党，或者正在寻找一双基础高跟鞋，那么黑色高跟鞋，绝对是你的明智首选！

材质传递你的个性

虽然穿着黑色高跟鞋的女性数不胜数，但不同的材质，却能传递出不同的个性。基础低调的选择，是散发着自然光泽的皮革；如果你喜爱流光溢彩，那么抛光的皮革、漆皮、黑色亮片材质，则是高调时髦之选。炎热的夏季，选择透明 PVC、蕾丝、网眼布等材质拼接的黑色高跟鞋，更加清凉迷人；寒冷时节单纯的皮革已经不合时宜，不如选择绒面革、麂皮、小牛毛皮等材质，彰显你高贵雅致的一面。若遇特殊场合，你可以穿着动物纹（蛇纹、鳄鱼纹等）压花的高跟鞋，凸显你的独特品味。

小细节，更时髦

避免出现“撞鞋”的尴尬场面，你可以从细节入手，让自己的黑色高跟鞋更时髦。鞋头的蝴蝶结以及闪耀的缀饰装饰，是淑媛一派的挚爱；增添搭扣或踝带的款式，不仅复古有韵味，同样能有效修饰你的脚形；尖头、鱼嘴、镂空、雕花、绑带设计与 T 字形鞋面，会令你的足部更性感，想展现一个时髦的背影与侧面，造型、材质稀有的鞋跟不可少——也许你支付不起一双红底 Christian Louboutin，但留心你的鞋底色调与花纹，也是一个时髦小心机！

寻找合适的高度

尽管穿着高跟鞋能够美化你的腿部曲线，但日常生活中，如果穿着太过高耸的高跟鞋，却会令你举步维艰甚至出洋相。因而，寻找合适的高度，更能让你灵活地展示出自信与美丽。我认为 6.5—8.5cm 高的鞋跟最为适宜，任何场合你都可以驾驭它。除此之外，你可以选择粗跟或方根，替代纤细的细高跟，让你走起路来更加稳健舒适。

穿出舒适感

虽然许多人说，女人的高跟鞋是健康的隐形杀手，但如果你能选择正确的高度，并且选择较为舒适的设计，则不会为你的足下增添太多负担。首先不要买太廉价的高跟鞋，它们通常忽略结构比例，不符合脚部形状与用力位置，容易导致皮肤磨损甚至脚部变形。其次，如果你选择一双高度较高的高跟鞋，那么最好避免尖头设计，或者选择前部有防水台的款式，会令你穿起来更轻松。性感的鱼嘴设计，也会放松你的足尖。也可以在脚掌部位垫上高跟鞋专用鞋垫，让你的肌肉得到一定的舒缓放松。

完美比例搭档

黑色高跟鞋搭配九分裤，露出脚踝更显瘦。

搭配黑色的丝袜或连裤袜，令下半身色调协调一致，起到拉长线条，美化腿部曲线的效果。

穿着及膝或膝上裙装，更有利于打造修长的双腿轮廓。

第8节 通勤包袋，实用时髦两不误

上班并不是参加 Party，除了简洁端庄的通勤装，仅有的配饰也就非包袋莫属了。究竟如何挑选通勤包袋才能既传递出你不俗的时尚品位，同样又保证你得体有型呢？

实用便捷当为首选

如果你的通勤包小到文件都要折几折，或者大到半天翻不出来一支签字笔，那么我相信，不仅你会急得抓耳挠腮，连上司与客户都要火冒三丈了！因而，挑选上班包袋，实用与便捷最为重要！如果你不需要携带太重的物品，那么选择一款中号梯形手提包，就能满足基本的携带需求；如果携带物品较重，那么一款简约的大号皮质手提包，不仅空间充裕，并且结实耐用；如果你想要解放双手，单肩或斜挎包也是理想的选择。但无论选择什么款式的包袋，容量（用 A4 纸或杂志平放测试一下）、肩带或手提袋舒适度以及夹层（保证你的物品存放井井有条）等要素，绝对不容忽视。

保持简单与百搭

流畅简约的线条深得女性喜爱，尤其是对于通勤包袋来说，更是提升优雅度的必备要素。方形、梯形、水饺形包袋是理想之选，避免选择太多缀饰、流苏包袋等，它们只适合周末休闲。考虑到一年四季的百搭程度，黑色包袋是首选，其次是白色（虽然不易打理，但人人都爱干净明朗，不是吗），再者你可以考虑洋红、米色、褐色、宝石蓝甚至金色与银色，它们与通勤装搭配起来，都比较轻松雅致！

亮色为冬季增彩

尽管黑色包袋一年四季都百搭，但如果冬季也一身肃穆，简直沮丧极了。不如选择一款亮色包袋，为你的通勤装注入丝丝活力吧！你可以选择较为成熟的金属色，营造前卫诙谐的彩色镜面效果；也可以选择年轻富有朝气的糖果色、荧光色；局部的亮色拼色，也可以起到点睛作用，为你摆脱浮夸。但无论如何，基础的廓形与简约的线条必不可少。当然，这一切取决于你的工作性质和工作氛围（传媒时尚类工作几乎让你“为所欲为”）。

不要迷恋 Logo

一般包袋都有自己的 Logo 标志，但如今随着人们品位的不断提升，Logo 已经被逐渐弱化。虽然我不是“Logo 党”，但相比大面积的 Logo 印花，我更倾向于拥有细节感的 Logo 五金配件，既能起到一定的装饰作用，又不会太张扬做作。因而，在你挑选通勤包袋时，也不要迷恋 Logo，它仅仅是一个标志。想要提升品位还要靠风格与搭配！

第9节　双肩包，背上时髦“返校”

上学的时候，双肩包是所谓的“书包”，里面除了装不完的课本作业，还有各种“私藏宝物”：神秘的日记本、妈妈的化妆品、明星海报、时尚杂志与附赠的小玩物，甚至还有小零食。告别了学生时代，双肩包对我的吸引力有增无减。它不仅仅适用于外出旅游，平日休闲逛街时，它也是轻便又时髦的选择。如果你心底也泛起了学院情怀，或者你正在寻找舒适便携的外出包袋，那么就与我一起背上时髦，即刻“返校”吧！

TIPS：选搭小窍门

外出旅行需要考虑耐用性，除了帆布材质外，肩带、边缘、底部的皮革包边也能令双肩包更加结实耐磨。

选择与衣装近色的双肩包时，亮丽的材质（漆皮、金属感涂层、缎面）会令它脱颖而出。

双肩包的百搭选择是T恤+牛仔裤，格纹衬衫+黑色小脚裤或棒球夹克+运动裤。

双肩包，单肩背，小露叛逆学院味，会更加时髦有趣！

玩转双肩包色彩

从一个简单的纯色到百变的拼色，双肩包的色彩有如时髦的日历本，记录着女孩们的不同心情！充满小女人情怀的玫红色与炽烈的红色，是张扬妩媚气质的理想之选。如果你担心太过花哨，那么清新的薄荷绿、天蓝色以及柠檬黄色，或者黑白款，也是经久不衰的选择！当然，如果你想让双肩包变成你的百变万花筒，那么奇趣大胆的拼色、撞色款式，就再适合不过了！

图案双肩包，耍宝小情调

想要展现你俏皮时髦的一面吗？那就尝试下图案双肩包吧！从基础百搭的条纹、格纹，到散发着春日气息的花卉植物印花、充满异域风情的花纹、野性富有张力的动物纹……利用风格各异的图案，来装点你的简单衣裙，一定好玩又摩登！你可以选择结实耐磨的帆布材质，抑或是舒适自然的棉布材质，无论逛街还是短途出行，都非常舒适。

高街必备皮质双肩包

当下风靡全球的高街必备单品之一，就有皮质双肩包！它让普通双肩包得到升级，变得更加奢华时髦。纤巧的可调节肩带确保舒适优雅，皮质令双肩包更具潮流都市气息。选择软皮质较为舒适，硬皮质则富有优美廓形感。水桶包式的皮质双肩包，是潇洒实用的理想之选；如果你偏爱复古风格，则可以选择大地色学院式双肩包，如果你偏爱摇滚朋克风格，那么镶缀铆钉与亮金装饰的双肩包，则再帅酷不过了！你可以放入随身携带的化妆品、平板电脑以及简单的日用品，便携又时尚。

第五章

Chapter Five

“内”里春秋，打造精致细节

第1节 内衣，女人的终极魅力武器

一个讲求精致，由内而外散发魅力的女人，可以没有奢华的衣橱，但绝对不能没有完美的内衣！如果你外表光鲜，同样内着精彩，那么绝对会为自身的魅力加分；相反，如果你拥有一副好“皮囊”，内衣却简陋老土不搭调，那也会为你的形象大打折扣。因而，挑选到既舒适又时髦的内衣，绝对是至关重要的！

文胸

上天赐予女人优美的曲线，同样也带来诸多的困扰，购买内衣成为一项富有挑战性的事情。尤其是对于挑选文胸来说，你首先需要精确胸围，不要为了让胸部看上去丰满，而选择尺寸较小的款式，那无疑是隐形的健康杀手！其次，选择舒适的面料。透气柔软的纯棉永远是首选，缎布、真丝、尼龙等虽然外表华丽或具有优秀的塑形性，但打理起来并不简单，并且舒适度较差一些。正面有钩扣的文胸可以打造优美的乳沟，适当的衬垫能够起到上托或聚拢胸部的功效。但不宜选择太厚的衬垫款式，那会影响透气性。特殊场合穿着晚装，可以选择隐形文胸，它的无肩带、无背带设计，能够为你营造一个完美的肩背效果。适当装饰的蕾丝或立体贴花，能够令你看上去更加楚楚动人，但应注意它的装饰部位，以免带来刺痒等不舒适感。

内裤

内裤不仅要与文胸色彩、风格协调，同样也要保证十足的舒适度。它不同于文胸与其他衣装可以试穿，因而购买内裤前一定确保尺码合适（提前测量好腰围、臀围），不要贪图便宜或被外观诱惑而忽视了实用性能。纯棉、竹纤维、莫代尔面料穿起来最舒适，而夏季穿着贴身衣裙时，选择裸色的无痕弹力针织面料，则是你优雅安全的保障。缎面、真丝的面料虽然触感柔滑，但吸湿性差一些，如果你比较容易出汗，就避免选择它们。性感的蕾丝刺绣面料以及丁字裤款式，能够为你增添一丝女人味，但不是日常穿着的理想选择。

塑身衣

看似万能的塑身衣，只是暂时把你的小赘肉藏起来而已。要想长期达到塑身的效果，还需要注意饮食，加强运动，注意行走坐姿。塑身衣款式有很多种，连体式、连衣裙式、半裙式、短裤式、束腹式等，根据你的身材与着装需求，选择适宜的塑身衣，可以营造出沙漏形的迷人身材。建议选择胶骨材质的塑身衣，坚固不易变形，同样比较舒适。如果是穿着晚礼服，那么丝缎面料的罩杯式塑身衣，则是理想优雅的选择！

睡衣

衣橱里不可或缺的睡衣，其实并不需要很多件，尤其是夏季，仅需要两件吊带背心替换就 OK。而春秋季，选择纯棉的睡衣则最舒适，弹力针织也不错。丝缎类虽然很华丽耀眼，但打理起来比较麻烦。上衣开衫与长裤的套装穿着起来最方便，当然许多女性也青睐睡裙与睡袍，尤其是动物纹与印花风格，的确能为你增添一丝小情调！蕾丝边饰的睡衣虽然漂亮，但大面积的装饰却并不实用，如果你睡觉不老实，就不要选择这类材质啦！

保暖内衣

看似很难挑选的保暖内衣，其实真正购买起来很简单！春秋季选择纯棉质地的保暖内衣比较舒适，寒冷的月份可以穿着羊毛质地的保暖内衣，给肌肤最温暖的屏障。当然它们的价格稍微昂贵一些。如果你想买到物美价廉的保暖内衣，可以选择羊毛混纺的面料（如混纺有贴体效果的弹力纤维）。如果你打算穿着翻领外套或者低领的毛衣，那么最好选择低领，带有紧身效果的保暖内衣，戴上围巾护住颈部，也同样温暖美观！

第2节 花样百变的袜子

袜子在女性生活中扮演着重要的角色，即使你认为它们是配角，但如果想要保护双脚，让造型更完美，或者搭配衣装营造不同的风格，袜子都是不可或缺的。你可以根据长度、厚度、色彩、图案以及功能用途区分它们，并合适地搭配鞋履衣装。

船袜

包裹脚底而裸露脚面的船袜，最适合在穿着运动鞋、平底鞋或其他露脚面鞋时穿，黑色、裸色是最百搭的色彩。当然你也可以根据鞋子款式，穿着带有图案或者蕾丝网眼等百变的款式，但不要忽视了船袜的舒适性。轻薄、透气并拥有良好地弹性，能够保持双脚干燥，起到一定的保暖效果，这才是着重考虑的要素。

短袜

短袜是最基础的袜类，无论是在商场超市还是便利店，你都可以买到它们，但如果想要买到适合的短袜，的确不是一件简单的事。五指袜看上去很滑稽，但实际上能够有效地避免磨出水泡。如果你的脚在夏季容易出汗或者冬季湿冷，那么选择吸水性好的羊毛袜（美利奴羊毛最好），则能够令你的双脚夏季保持清爽，冬季干燥温暖。天然蚕丝袜能够有效除臭，人造丝的细织袜子触感光滑舒适，混纺尼龙的短袜更耐用。纯棉的袜子便宜且舒适，但比较厚，不易晾干，尤其是对于外出旅游的人来说，选择 60%—80% 棉质混纺袜，更加轻盈且更替方便。带有图案（波点、条纹、格纹最经典）或拼色的短袜非常吸引人，你可以穿着白色或黑色运动鞋、帆布鞋搭配它们，为足下增添一抹亮丽！

长筒袜

在比较温暖的季节，长筒袜是搭配短裙、短裤的不错选择。它的长度从膝下 10cm 到膝上 10cm 不等，大多数为及膝，但也有的甚至长及大腿上部。在春秋季节，轻薄的羊毛混纺长筒袜优雅又舒适，你可以选择单一的深色，也可以选择具有视错效果的图案花纹。但如果你双腿比较粗，最好选择没有图案或者图案细小的款式，避免尝试暴露缺陷的条纹。如果是夏季，选择丝质长筒袜最合适，作为连裤袜的替代，穿着更清爽。长筒袜、牛津鞋与格纹裙，是演绎复古学院风格的经典搭配，偏爱 Vintage Style 的你值得一试。

连裤袜

连裤袜是一年四季都能够穿到的袜类，相比长裤，穿着它令你更加灵活优雅，并能起到一定的保暖功效。连裤袜的厚度与压力通过丹尼尔（Denier，简称“D”）区分，D 数越大，连裤袜的压力越大，厚度越大，且显瘦效果越好。不透明、厚度与压力适中的 50D 连裤袜，适合春秋暖季穿着；15D 连裤袜透明度较大，5D 及以下的连裤袜近似透明。冬季选择连裤袜，80D—200D 最适合，如果你想通过加大压力而达到瘦腿效果，那么 150D—500D 的连裤袜都可以考虑。但如果一味追求显瘦而购买 D 数过大的连裤袜，则会阻碍血液流通，影响健康。连裤袜多为尼龙材质，冬季多为羊毛棉质混纺。裸色与黑色是基础之选，其次是褐色、海军蓝、宝蓝、紫罗兰、橄榄绿等。

第3节　微时髦：潮人的钥匙扣

看似不起眼的钥匙扣，正是潮人的时髦细节。就像挑选一件华丽外衣，令它们瞬间变得抢眼！你能够更方便地找到它们，并为你增添时髦与精致。尽管每年设计师都推出一系列新鲜的钥匙扣款式，但说实话它的流行趋势是变幻莫测的。因而，你没有必要纠结钥匙扣流行与否，只要是心仪的款式，风格鲜明，趣致十足，它就是你的微时髦代言人！

卡通钥匙扣

每个女孩都痴迷卡通钥匙扣，那些迷你的小镜子、小草莓、海绵宝宝、大黄鸭……都能唤起我们对童年的美好回忆。它们的价位从廉价的十几元到百元左右不等，你可以选择成串的吊坠钥匙扣，也可以挑选不同的吊坠，组合成你独一无二的钥匙扣。如果是作为馈赠亲朋好友的礼物，那么可以选择设计师款式，像 Kate Spade、Marc by Marc Jacobs、Dsquared2、Juicy Couture 等，都推出趣味十足的钥匙扣，作为小奢侈品，既时髦又上档次。

毛毛钥匙扣

Fendi 的小怪物皮草钥匙扣风靡时尚圈，它不仅可以作为钥匙链，同样可以挂在手提包上，为冬日造型增添高贵与俏皮！当然，如果你对它上千元的价格望而却步，也不要灰心，选择同样华丽的人造皮草钥匙扣，只要毛毛蓬松、色彩亮丽、款式新奇，同样是你的扮靓小法宝！

金属钥匙扣

金属钥匙扣简单又张扬，尤其是金属链条款式，无论是金色黄铜材质，还是高贵的镀金款式，都非常高档大方。它实用且富有光泽感，你可以将它挂在手提包上，帅气十足；也可以与其他铆钉、十字架、骷髅头等坠饰搭配，组合成属于你的朋克 Style 钥匙扣。当然如果你充分发挥搭配力，将其挂在腰间，混搭其他链条腰带或饰品，也能带来焕然一新的高街酷感！

皮革钥匙扣

低调富有质感的皮革钥匙扣，是许多潮人最爱收藏的类型。从单一的皮革挂件款式（编织、流苏最抢手），到实用且时髦的皮革零钱包款式，你无论是把它悬挂在钥匙上还是手提包上，都非常精巧别致。这类钥匙扣作为礼物也高档富有新意，尤其是设计师款式，Karl Lagerfeld、Fendi、Gucci 等，价格在几百元到千元不等，是馈赠时髦人士的佳品！

第4节　美而不俗的钱夹

钱夹是女人随身必备的小物件，在任何场合都可能用到。它虽然不像衣服更替得那么频繁，但大多数女人喜欢追赶潮流，保持钱夹的时髦感，让每一个造型细节都那么光鲜亮丽！我认为一款好的钱夹，不仅仅要拥有美观的外形，同样应当实用、便捷且安全。如果你也在考虑更换你的钱夹，或者想要挑选一款作为礼物馈赠亲友，那就看看本文的选购技巧吧，让钱夹美而不俗，并成为贴心小管家！

实用安全最重要

选购钱夹首先应当考虑实用安全性。它应该有充足的空间存放卡片与纸钞，卡槽设计应当与卡片大小正合适，以免太松造成卡片滑落。卡槽并不是越多越好，但至少要有四个才能让你携带便捷。两个夹层也是必要的。折叠的钱夹能够有更大的存放容量，长款的钱夹看上去华丽富有女人味，但携带起来并不轻巧。你可以选择有腕绳的款式，拿在手中安全方便。对于长款钱夹来说，也可以作为手机夹层。如果你背迷你包袋，那么短款钱夹存放起来更加灵活。如果你没有携带零钱包的习惯，那么拉链袋也是必要的，可以盛放零钱。

青睐耐用易清洁材质

相比皮革材质来说，面料质地（斜纹面料）的钱夹需要水洗清洁，比较麻烦。当然，皮革相对娇贵，需要保养。所以，你可以选择表面有涂层的皮革（金属感涂层、全息涂层），它们通常只需要用布面擦拭即可。如果你的钱夹是高档皮质，或者有易生锈氧化的五金配件，那么都需要定期在专门的保养店清洁保养，这样才能有效地延长使用寿命，令它更加美观耐用。

经典不落伍的款式

如果你想要挑选一款经典的钱夹，确保几年内都不会落伍，那么具有廓形感的黑色皮质钱夹是首选。它简约又干练，耐脏，同时还能够应对各种场合的造型要求。其次，你可以选择彩色皮质编织钱夹，橘色、宝石蓝、西瓜红等，拥有细节与质感，并能为你带来靓丽好心情！此外，裸色也是不错的选择，即使淡色容易变脏，但它却是淑媛派的优雅法宝。金色与银色的钱夹闪耀经典，如果下班之后有派对等你，带上它准没错！如果你偏爱性感的钱夹风格，那么动物纹印花（豹纹、斑马纹、虎纹等）或者动物纹理（蟒纹、鳄鱼纹等）的款式，一定最合你的口味了。

零钱包也要出其不意

不起眼儿的零钱包，其实非常实用。你可以把硬币放在里面，存取方便。你可以选择独具个性的款式，例如心形、星形、七星瓢虫、四叶草、甜甜圈等有趣的形状，将其挂在钥匙扣上，或挂在手提包上，为你的整体造型增添趣味！

第5节 好玩又实用的皮件

受经济危机与居高不下的失业率影响，近年来全球奢侈品零售商业绩持续低迷，女人们对昂贵的设计师手袋望而却步。但另一面，那些看似不起眼的小皮件，销售量却呈现惊人的直线上升趋势，它们已经占据了皮质商品的一半，甚至更多！这其中大多是电子配件，另一部分则是生活中的便捷配件，但无论哪类，这些皮件看上去都非常时髦。如果你想花最少的银子装点自己，或者你正为挑选礼物发愁，那么就不妨看看这些好玩的小皮件，它们能够轻松提升造型感！

手机保护壳

几乎很少有女孩不爱手机保护壳，而商家正迎合这种需求，每季都有风格百变的手机保护壳推出，可谓诱惑力十足！手机保护壳为手机披上了一层华丽的外衣，并起到一定的防摔、防水、防磨损作用。在种类众多的手机保护壳中，皮质手机保护壳最受欢迎，无论是 iPhone、三星 GALAXY 还是其他智能手机，你大都能找到对应品牌型号的款式。有直入、嵌套、翻盖等款式供选择，而立体贴花缀饰、动物纹理、皮质绗缝、缤纷色彩图案的融入，也令你的手机更富质感，接听电话都能如此时髦！

平板电脑保护套

无论是上班工作还是外出游玩，轻松便捷的平板电脑都需要保护套，以防摔碰与磨损。选择高档富有质感的皮质保护套，能够有效保护平板电脑，同时还能赋予它醒目的造型美感。挑选时，不仅要注重外观，同样应确保衬里的质量优秀。可以选择皮质衬里，也可以选择布面衬里，只要触感光滑就可以。直入襻带款式与拉链包袋款式便于存取，方便外出携带；开合式或翻盖式设计，并在四角带有松紧襻带的款式，不必拿出来便可以直接应用，最适合在办公室使用。

笔记本

无论是馈赠友人，还是作为旅行、公务记事本或私人日记本，皮质笔记本都是理想的选择！

可以挑选尺寸不一的成套款式，也可以选择精美的单本。简约的纯色款式最受青睐，如果用于公务，可以选择黑、灰、白三色；如果作为礼物，可以选择亮丽的彩色皮质笔记本，柠檬黄、天蓝色、草绿色、洋红色、宝石蓝都是完美之选。带有皮革压花或纹理的款式，是赠送时髦人士的佳选，如果作为私人日记本，那就尽情书写你的 Top Secret 吧！

护照夹

对于经常出国旅行的女孩来说，千万不要放弃这个美丽的小细节。将时髦与欢乐融入旅行中，皮质护照夹绝对值得你拥有！触感光滑舒适的皮革，令你的护照也变得高档，富有质感。不同的花型图案色彩，彰显你与众不同的时尚品味，让你心情美美，快乐出发！

卡夹

讨厌每次翻来翻去找卡？钱包卡槽不够用？快点让你的身份证、信用卡、会员卡变得井井有条吧！入手一款实用又时髦的皮质卡夹，将你的各种卡片分门别类地安全存放。选择明亮的色彩更容易一眼找到它，多一个拉链夹层会更方便你存放便条。

图书在版编目（CIP）数据

我的穿衣入门书 / 崔彦怡著 . —南京：译林出版社，2015.6
ISBN 978-7-5447-5380-7

Ⅰ . ①我… Ⅱ . ①崔… Ⅲ . ①服饰美学 - 基本知识
Ⅳ . ① TS976.4

中国版本图书馆 CIP 数据核字（2015）第 054489 号

书　　名　我的穿衣入门书
作　　者　崔彦怡
责任编辑　王振华
特约编辑　冯旭梅　孙　赫
出版发行　凤凰出版传媒股份有限公司
　　　　　译林出版社
出版社地址　南京市湖南路 1 号 A 楼，邮编：210009
电子信箱　yilin@yilin.com
出版社网址　http：//www.yilin.com
印　　刷　北京京都六环印刷厂
开　　本　787 × 1092 毫米　1/32
印　　张　7.75
字　　数　74 千字
版　　次　2015 年 6 月第 1 版　2015 年 6 月第 1 次印刷
书　　号　ISBN 978-7-5447-5380-7
定　　价　32.80 元